农村科技口袋书

油菜丰产新技术

中国农村技术开发中心 编著

中国农业科学技术出版社

图书在版编目（CIP）数据

油菜丰产新技术 / 中国农村技术开发中心编著 . —北京：中国农业科学技术出版社，2014.9
（农村科技口袋书）
ISBN 978-7-5116-1811-5

Ⅰ. ①油… Ⅱ. ①中… Ⅲ. ①油菜—蔬菜园艺… Ⅳ. ①S634.3

中国版本图书馆 CIP 数据核字（2014）第 208259 号

责任编辑 李 雪 史咏竹
责任校对 贾晓红

出　　版 中国农业科学技术出版社
北京市中关村南大街 12 号　邮编：100081
电　　话（010）82109707　82106626（编辑室）
（010）82109702（发行部）（010）82109709（读者服务部）
传　　真（010）82106650
网　　址 http://www.castp.cn
经　　销 各地新华书店
印　　刷 北京地大天成印务有限公司
开　　本 880 mm × 1230 mm　1/64
印　　张 3
字　　数 90 千字
版　　次 2014 年 9 月第 1 版　2017 年 9 月第 3 次印刷
定　　价 9.80 元

《油菜丰产新技术》

编 委 会

编写人员

主　编：廖　星　董　文

副主编：张学昆　戴炳业

编写人员：（按姓氏笔画排序）

马　霓　马朝芝　王新发　方小平

田建华　任　莉　刘贵华　刘胜毅

李　俊　李　莓　李文林　李先容

杨　庆　杨　湄　吴崇友　余常斌

张冬青　张春雷　张洁夫　陆光远

陈社员　周　雷　胡　琼　胡胜武

侯树敏　钱　伟　窦中江　滕年军

前 言

为了充分发挥科技服务农业生产一线的作用，将先进适用的农业科技新技术及时有效地送到田间地头，更好地使“科技兴农”落到实处，中国农村技术开发中心在深入生产一线和专家座谈的基础上，紧紧围绕当前农业生产对先进使用技术的迫切需求，立足“国家科技支撑计划”等产生的最新科技成果，组织专家力量，精心编印了小巧轻便、便于携带、通俗实用的“农村科技口袋书”丛书。丛书筛选凝练了“国家科技支撑计划”农业项目实施取得的新技术，旨在方便广大科技特派员、种养大户、专业合作社和农民等利用现代农业科学知识，发展现代农业、增收致富和促进农业增产增效，为加快社会主义新农村建设和保证国家粮食安全做出贡献。

“口袋书”由来自农业生产一线的专家、学者和科技管理人员共同编制，围绕着关系国计民生的重要农业生产领域，按年度开发形成系列丛书。书中所收录的技术均为新技术，成熟、实用、易操作、见效快，既能满足广大农民和科技特派员的需求，也有助于家庭农场、现代职业农民、种植养殖大户解决生产实际问题。

在丛书编制过程中，我们力求将复杂技术通俗化、图文化、公式化，并在不影响阅读的情况下，将书设计成口袋大小，既方便携带，又简洁实用，便于农民朋友随时随地查阅。但由于水平有限，不足之处在所难免，恳请批评指正。

编　者

2014年9月

目　录

第一章　优质高产高效油菜新品种

第二章 油菜丰产高效栽培与抗灾技术

第三章　油菜病虫草害防治技术

第四章 油菜高效施肥技术

第五章 油菜中小型高效机械化生产技术

第六章 油菜高效低耗加工技术

第一章

优质高产高效油菜新品种

中双 11 号

中双 11 号（审定号：国审油 2008030）是中国农业科学院油料作物研究所选育的半冬性甘蓝型常规油菜品种，适宜在江苏省淮河以南、安徽省淮河以南、浙江省、上海市的冬油菜主产区推广种植。

区试表现

2006—2008 年国家区试（长江下游区），平均亩产（1 亩≈667 平方米，1 公顷 =15 亩，全书同）167.23 千克，比对照秦优 7 号减产 0.98%。2007—2008 年生产试验，平均亩产 159.63 千克，比对照秦优 7 号减产 3.58%。千粒重 4.66 克，每角粒数 20.20 粒。平均芥酸含量 0.0%，饼粕硫苷含量 18.84 μ mol/ 克，含油量 49.04%。低抗菌核病，抗倒性较强。

种植技术要点

播期和密度：育苗移栽 9 月中、下旬播种，10 月中、下旬移栽，种植密度每亩 1.2 万株；直播在9月下旬至10月初播种，种植密度每亩2.5万株。

田间管理：重施底肥，一般亩施复合肥50千克；必施硼肥，底施硼砂每亩1～1.5千克或者蕾薹期喷施硼砂溶液（浓度为0.2%）。

病虫害防治：在重病区注意防治菌核病，于初花期后1周喷施菌核净，用量为每亩100克菌核净对水50千克。

技术来源：中国农业科学院油料作物研究所

咨 询 人：刘贵华

中油 88

中油 88（审定号：国审油 2011022）是中国农业科学院油料作物研究所选育的甘蓝型半冬性细胞质雄性不育三系杂交种，适宜在上海市、浙江省及安徽和江苏两省淮河以南的冬油菜主产区种植。

区试表现

2009—2011 年国家区试（长江下游区），平均亩产 162.9 千克，比对照秦优 7 号增产 3.9%。2010—2011 年生产试验，平均亩产 183.4 千克，比对照秦优 7 号增产 8.8%。千粒重 3.48 克，每角粒数 19.1 粒。平均芥酸含量 0.05%，饼粕硫苷含量 17.83 μ mol/ 克，含油量 45.66%。低感菌核病，抗倒性较强。

种植技术要点

播期和密度：长江下游地区育苗移栽 9 月下旬播种，10 月下旬移栽，种植密度每亩 1.0 万株；

直播10月初至10月中旬播种，种植密度每亩1.5万～2.0万株。

田间管理：重施底肥，亩施复合肥50千克；底肥亩施硼砂1～1.5千克；初花期喷施浓度为0.2%的硼砂溶液。

病虫害防治：重病区注意防治菌核病，初花期后1周，每亩用100克菌核净对水50千克喷施。

技术来源：中国农业科学院油料作物研究所
咨 询 人：刘贵华

中核杂 418

中核杂 418（Y204A×069032，审定号：国审油 2011024）是安徽省农业科学院作物研究所选育的适合机械化收获的高油杂交油菜新品种，适宜在安徽和江苏两省淮河以南及浙江省、上海市的冬油菜主产区种植。

区试表现

2008—2010 年国家区试（长江下游区），平均亩产 166.2 千克，比对照秦优 7 号增产 3.1%。2010—2011 年生产试验，平均亩产 172.3 千克，比对照秦优 7 号增产 3.7%。千粒重 4.1 克，每角粒数 19.8 粒。平均芥酸含量 0.5%，饼粕硫苷含量 24.65 μ mol/ 克，含油量 47.03%。低感菌核病。

种植技术要点

播期和密度：育苗移栽 9 月下旬播种，10 月下旬移栽，种植密度每亩 1.0 万株；直播 10 月上中旬播种，种植密度每亩 2.5 万株。

田间管理：重施底肥，亩施复合肥 50 千克、硼砂 1 ～ 1.5 千克；苗期亩施尿素 10 ～ 15 千克。

病虫害防治：注意防治菌核病等病虫害。

技术来源：安徽省农科院作物研究所

咨 询 人：陈凤祥

宁杂 11 号

宁杂11号（克2A/P10，审定号：国审油2007007，苏审油200803，赣审油2009005）由江苏省农业科学院经济作物研究所育，适宜在四川省、重庆市、贵州省、云南省、陕西省汉中市及安康市、江苏省、江西省的冬油菜主产区推广种植。

区试表现

2005—2007 年参加长江上游区油菜品种区域试验，平均亩产 176.55 千克，比对照油研 10 号增产 13.15%。2006—2007 年生产试验，平均亩产 175.72 千克，比对照油研 10 号增产 11.95%。每角粒数 19.76 粒，千粒重 3.34 克。芥酸含量 0.05%，饼粕硫苷含量 20.33 μ mol/ 克，含油量 43.34%。中抗菌核病，高抗病毒病，耐寒性中等，抗倒性较强。

种植技术要点

播期和密度：宁杂 11 号为早熟品种，播种期可适当推迟；移栽种植密度每亩 0.6 万株，直播种植密度每亩2万～3万株。

田间管理：中等肥力水平下亩施总纯氮20千克，基肥、蜡肥、薹肥比例以5:2:3为宜。

病虫害防治：初花期、盛花期各喷多菌灵等药剂一次，防治菌核病。

技术来源：江苏省农业科学院经济作物研究所

咨 询 人：张洁夫

宁杂 1818

宁杂1818（宁油18号×088018，审定号：国审油2013016，苏审油201303，陕审油2013002）由江苏省农业科学院经济作物研究所育成，适宜于长江下游地区种植。

区试表现

2011—2013 年国家区试（长江下游区），平均亩产油量 94.42 千克，比对照秦优 10 号增产 7.3%。2012—2013 年生产试验，平均亩产油量 93.69 千克，比对照秦优 10 号增产 6.9%。每角粒数 22.1 粒，千粒重 4.09 克。芥酸含量 0.50%，饼粕硫苷含量 23.44 μ mol/ 克，含油量 45.54%。低感菌核，抗倒性较强。

种植技术要点

播期和密度：适期早播早栽；移栽种植密度每亩 0.7 万～0.8 万株，直播种植密度每亩 2.0 万株。

田间管理：一般亩施纯氮 16 ～ 20 千克，晚施薹肥。

病虫害防治：初花期、盛花期各喷多菌灵等药剂一次，防治菌核病。

技术来源：江苏省农业科学院经济作物研究所

咨 询 人：付三雄

宁杂 19 号

宁杂 19 号（审定号：国审油 2010033）由江苏省农业科学院经济作物研究所选育，适宜在上海市、浙江省以及安徽和江苏两省淮河以南的冬油菜区种植。

区试表现

2007—2009 年国家区试（长江下游区），平均亩产 175.4 千克，比对照秦优 7 号增产 9.2%。2008—2009 年生产试验，平均亩产 162.8 千克，比对照秦优 7 号增产 2.1%。每角粒数 23 粒，千粒重 3.82 克。芥酸含量 0.05%，饼粕硫苷含量 21.97 μ mol/ 克，含油量 45.09%。低抗菌核，抗倒性较强。

种植技术要点

播期和密度：适宜播种期为 9 月中、下旬；种植密度移栽每亩 0.6 万～0.8 万株，直播每亩 1.5 万株。

田间管理：施足基肥，占总施肥量的 65%，氮、磷、钾配合，缺硼地区增施硼肥；越冬期施用蜡肥，占 15% ～ 25%；薹期适量使用薹肥，占 10% ～ 20%。

技术来源：江苏省农业科学院经济作物研究所

咨 询 人：浦惠明

宁杂21号

宁杂21号(审定号：国审油2010004)由江苏省农业科学院经济作物研究所选育，适宜在上海市、浙江省以及安徽和江苏两省淮河以南的冬油菜主产区种植。

区试表现

2008—2010年国家区试(长江下游区)，平均亩产172.5千克，比对照秦优7号增产8.1%。2009—2010年生产试验，平均亩产194.3千克，比对照秦优7号增产8.9%。每角粒数22.8粒，千粒重3.67克。平均芥酸含量0.0%，饼粕硫苷含量20.17μmol/克，含油量45.22%。低抗菌核病，抗倒性较强。

种植技术要点

播期和密度：适宜播种期9月中下旬；种植密度移栽每亩0.6万～0.8万株，直播每亩1.5万株左右。

田间管理：施足基肥，占总施肥量的65%，氮、磷、钾配合，缺硼地区增施硼肥；越冬期施用蜡肥，占15%～25%；薹期适量使用薹肥，占10%～20%。

技术来源：江苏省农业科学院经济作物研究所
咨 询 人：浦惠明

沪油 21

沪油 21（审定编号：国审油 2011023）由上海市农业科学院作物育种栽培研究所选育，适宜在上海市、浙江省、江苏淮河以南的冬油菜主产区种植。

区试表现

2008—2010 年国家区试（长江下游区），平均亩产 156.0 千克，比对照秦优 7 号减产 0.3%。2010—2011 年生产试验，平均亩产 169.5 千克，比对照秦优 7 号增产 0.5%。千粒重 4.78 克，每角粒数 19.8 粒。芥酸含量 0.1%，饼粕硫苷含量 22.43 μ mol/ 克，含油量 43.70%。低抗菌核病，高抗病毒病，抗倒性较强。

种植技术要点

播期和密度：长江下游育苗移栽 9 月 25 日左右播种，11 月上旬移栽，种植密度每亩 0.75 万株；直播 10 月 20 日左右播种，种植密度每亩 1.5 万～2.0 万株。

田间管理：基肥重施，苗肥早施，薹肥轻施，花角肥少施，增施硼肥。春前、春后用肥比例为85∶15。人工收割要求全田90%左右的角果呈现黄色，机械收割要求95%以上的角果呈现黄色。

技术来源：上海市农业科学院作物育种栽培研究所

咨 询 人：周熙荣

浙油 51

浙油 51（审定号：浙审油 2014001，国审油 2013017）是浙江省农业科学院作物与核技术利用研究所选育的常规品种，适宜于长江下游地区推广种植。

区试表现

浙江省两年区试，平均亩产 181.3 千克，与对照浙双 72 相当。平均芥酸含量 0.05%，饼粕硫苷含量 22.1 μ mol/ 克，含油量 47.62%。2011—2013 年国家区试（长江下游区），平均亩产 201.7 千克，比对照秦优 10 号增加 2.4%。2012—2013 年生产试验，平均亩产 209.4 千克，比对照秦优 10 号增产 7.9%。每角粒数 21.2 粒，千粒重 3.93 克。芥酸含量 0.3%，饼粕硫苷含量 22.68 μ mol/ 克，含油量 48.54%。中感菌核病，抗倒性较强。

种植技术要点

适期早播，重施基苗肥，适施蜡肥，重施薹肥，必施硼肥，做好病虫草害防治，集中连片种植，严禁割青，割青将影响产量和含油量。

技术来源：浙江省农业科学院作物与核技术利用研究所

咨 询 人：张冬青

浙杂903

浙杂903（审定号：国审油2013015）是浙江省农业科学院作物与核技术利用研究所选育的杂交品种，适宜于长江下游地区推广种植。

区试表现

2011—2013年国家区试（长江下游区），平均亩产200.87千克，比对照秦优10号增产3.49%；平均亩产油量95.39千克，比对照增产12.0%。2012—2013年生产试验，平均亩产200.97千克，比对照秦优10号增产4.86%；平均亩产油量99.68千克，比对照增产13.8%。千粒重3.88克，每角粒数24.5粒。芥酸含量0.35%，饼粕硫苷含量21.30μmol/克，含油量47.42%。低感菌核病，抗倒性较强。

种植技术要点

播期和密度：移栽9月中下旬播种，苗龄35～40天移栽，种植密度不低于每亩0.8万株。直播10上中旬播种，种植密度每亩1.5万株左右。

田间管理：重施基苗肥，适施薹、花肥，增施磷、钾肥，注意增施硼肥。

病虫害防治：注意清沟沥水，降低田间湿度以减轻病虫害发生，苗期做好蚜虫和菜青虫的防治，开春后做好开沟排水防渍害，花期做好蚜虫和菌核病的防治。

技术来源：浙江省农业科学院作物与核技术利用研究所

咨 询 人：张冬青

核优 218

核优 218（9012A×069032，审定号：皖油 2012005）是安徽省农业科学院作物研究所选育的适合机械化收获的杂交油菜新品种，适宜在安徽省冬油菜主产区种植。

区试表现

2008—2009 年安徽省区试，亩产 224.2 千克，比对照皖油 14 增产 8.7%；2009—2010 年区试，亩产 190.7 千克，比对照增产 7.6%。2009—2010 年生产试验，亩产 143.7 千克，比对照皖油 14 增产 7.7%。千粒重 3.9 克，每角粒数 18 粒。平均芥酸含量 0.5%，饼粕硫苷含量 25.6 μ mol/ 克，含油量 44.4%。抗菌核病。

种植技术要点

播期和密度：育苗移栽 9 月下旬播种，10 月下旬移栽，种植密度每亩 1 万株；直播 10 月上中旬播种，种植密度每亩 2.5 万株。

田间管理：重施底肥，亩施复合肥 50 千克、硼砂 1 ～ 1.5 千克；苗期亩施尿素 10 ～ 15 千克。

病虫害防治：注意防治菌核病等病虫害。

技术来源：安徽省农业科学院作物研究所

咨 询 人：陈凤祥

中农油 6 号

中农油 6 号（审定号：国审油 2008035，国审油 201008）是中国农业科学院油料作物研究所选育杂交品种，适宜在湖北省、湖南省、江西省、上海市、浙江省以及江苏和安徽两省淮河以南的冬油菜主产区种植。

区试表现

2006—2008 年国家区试（长江下游区），平均亩产 182.08 千克，比对照秦优 7 号增产 11.28%。2007—2008 年生产试验，平均亩产 165.77 千克，比对照秦优 7 号增产 7.31%。2008—2010 年国家区试（长江中游区），平均亩产 161.47 千克，比对照中油杂 2 号增产 1.15%。2009—2010 年生产试验，平均亩产 155.0 千克，比对照中油杂 2 号增产 3.4%。千粒重 4.06 克，每角粒数 20 粒。平均芥酸含量 0.05%，饼粕硫苷含量 21.96 μ mol/ 克，含油量 43.12%。低感菌核病，抗倒性较强。

种植技术要点

播期和密度：育苗移栽9月中旬播种，亩栽0.9万株；直播9月下旬或10月上旬播种，亩定苗1.2万～1.5万株。

田间管理：科学施肥，底肥氮肥应占总施肥量的70%，氮、磷、钾配合施肥；底肥一般亩施复合肥60千克，苗肥、薹肥一般亩追施尿素15千克和10千克，亩施硼砂0.5～1千克。

病虫害防治：注意防治病虫害，重点防治蚜虫、菜青虫和菌核病。

技术来源：中国农业科学院油料作物研究所
咨 询 人：梅德圣

浙油 50

浙油 50（审定号：浙审油 2009001，国审油 201003，国审油 2011013）是浙江省农业科学院作物与核技术利用研究所选育的常规品种，适宜于长江中下游油菜种植区种植。

区试表现

2007—2009 年浙江省区试，比对照浙双 72 增产 15.37%。平均芥酸含量 0.05%，饼粕硫苷含量 25.85μmol/ 克，含油量 49.0%。2008—2010 年国家区试（长江下游区），平均亩产 175.1 千克，比对照秦优 7 号增产 10.3%。2009—2010 年生产试验，平均亩产 169.8 千克，比对照秦优 7 号增产 4.9%。每角粒数 20.7 粒，千粒重 3.96 克。芥酸含量 0.0%，饼粕硫苷含量 27.29 μ mol/ 克，含油量 47.17%。低抗菌核病，抗倒性较强。2009—2011 年国家区试（长江中游区），平均亩产 172.5 千克，比对照中油杂 2 号减产 0.3%；平均亩产油量 80.42 千克，比对照增产 8.1%。2010—2011 年生产试验，平均亩产 154.0 千克，比对照中油杂

2 号增产 1.5%。每角粒数 19.0 粒，千粒重 3.91g。芥酸含量 0.25%，饼粕硫苷含量 20.78 μ mol/ 克，含油量 46.53%。低抗菌核病，抗倒性强。

种植技术要点

适期早播，重施基苗肥，适施蜡肥，重施薹肥，必施硼肥，做好病虫草害防治，严禁割青，割青将影响产量和含油量。

技术来源：浙江省农业科学院作物与核技术利用研究所

咨 询 人：张冬青

华油杂 62

华油杂 62（审定号：国审油 2010030，国审油 2011021）是华中农业大学选育的杂交品种，适宜在上海市、浙江省以及安徽、江苏两省淮河以南的冬油菜区和湖北省、湖南省、江西省冬油菜区种植，还适合在内蒙古自治区、新疆维吾尔自治区及甘肃、青海两省低海拔地区的春油菜区种植。

区试表现

2008—2010 年国家区试，平均亩产 170.5 千克，比对照中油杂 2 号增产 6.8%。2009—2010 年生产试验，平均亩产 160.0 千克，比对照中油杂 2 号增产 4.1%。千粒重 3.77 克，每角粒数 21.2 粒。芥酸含量 0.75%，饼粕硫苷含量 29.00 μ mol/克，含油量 40.58%。低感菌核病，抗倒性较强。2009—2011 年国家区试，平均亩产 172.9 千克，比对照秦油 7 号增产 8.6%。2010—2011 年参加生产试验，平均亩产 180.3 千克，比对照增产 6.9%。千粒重 3.62 克，每角粒数 22.7 粒。芥酸含量

0.0%，饼粕硫苷含量分别为29.64μmol/克，含油量43.46%。低抗菌核病，抗倒性强。

种植技术要点

冬油菜区：

播期和密度：育苗移栽在9月中下旬播种，种植密度每亩0.8万～1.0万株；直播在9月下旬至10月上中旬播种，种植密度每亩1.5万～2.0万株。

田间管理：每亩施用纯氮12～15千克，其中60%～70%基施；五氧化二磷4～5千克，全部基施；氧化钾5～7千克，其中60%基施；硼肥1.0千克，全部基施。及时早追苗肥。

春油菜区：

播期和密度：4月初至5月上旬播种，条播或撒播，播种深度3～4厘米，亩播种量0.4～0.5千克，每亩保苗1.5万～2.0万株。

田间管理：底肥亩施磷酸二胺20千克、尿素3～5千克，4～5叶苗期亩追施尿素3～5千克。

技术来源：华中农业大学

咨 询 人：李兴华

沣油 737

沣油 737（审定号：国审油 2011015、国审油 2009018、陕审油 2010006）是湖南省作物研究所选育的杂交品种，适宜在湖北省、湖南省、江西省、上海市、浙江省以及安徽和江苏两省淮河以南、陕西省南部的冬油菜产区种植。

区试表现

2007—2009 年国家区试（长江下游区），平均亩产 177.7 千克，比对照秦优 7 号增产 10.56%。2008—2009 年生产试验，平均亩产 174.7 千克，比对照秦优 7 号增产 9.5%。每角粒数 22.2 粒，千粒重 3.59 克。芥酸含量 0.05%，饼粕硫苷含量 20.3 μ mol/ 克，含油量 44.86%。中感菌核病。抗倒性较强。2008—2010 年国家区试（长江中游区），平均亩产 177.3 千克，比对照中油杂 2 号增产 11.7%。2010—2011 年生产试验，平均亩产 163.1 千克，比对照中油杂 2 号增产 6.0%。每角粒数 19.3 粒，千粒重 3.64 克。芥酸含量 0.05%，饼粕硫苷含量 37.22 μ mol/ 克，含油量 41.59%。

低感菌核病，抗倒性强。

种植技术要点

播期和密度：移栽苗床播种量每亩 0.4 ～ 0.5 千克，移栽密度每亩 0.6 万～ 0.8 万株；直播 10 月中旬播种，播种量每亩 0.2 ～ 0.25 千克，3 叶期留苗每亩 1.5 万～ 2.5 万株。

田间管理：播前施足底肥，播后施好追肥，氮、磷、钾肥搭配比例为 1∶2∶1，每亩底施硼肥 1 千克。中耕培土，及时除草，适时收获。人工收割以植株主序中部角中籽粒变黑为参照，机械收割以全株籽粒红黑色为参照。

病虫害防治：重点做好菌核病的防治。

技术来源：湖南省作物研究所
陕西荣华农业科技有限公司
咨 询 人：陈卫江 李冬肖

中油杂 16

中油杂 16（审定号：国审油 2011010）是中国农业科学院油料作物研究所选育的甘蓝型半冬性细胞质雄性不育三系杂交种，适宜在湖北、湖南、江西三省冬油菜主产区种植。

区试表现

2009—2011 年国家区试（长江中游区），平均亩产 174.5 千克，比对照中油杂 2 号减产 0.6%；两年平均亩产油量 81.46 千克，比对照增产 7.3%。2010—2011 年生产试验，平均亩产 158.1 千克，比对照中油杂 2 号增产 0.7%。千粒重 3.98 克，每角粒数 18.5 粒。芥酸含量 0.0%，饼粕硫苷含量 20.73 μmol/ 克，含油量 46.69%。低抗菌核病，抗倒性强。

种植技术要点

播期和密度：适时早播，长江中游地区育苗移栽 9 月上中旬播种，10 月上中旬移栽，种植密度每亩 1.0 万株；直播 9 月下旬至 10 月初播种，种植密度每亩 1.5 万～ 2.0 万株。

田间管理：重施底肥，亩施复合肥 50 千克；必施硼肥，底施硼砂每亩 1 ～ 1.5 千克。

病虫害防治：重病区注意防治菌核病，初花期后 1 周，每亩 100 克菌核净对水 50 千克喷施。花期、结角与成熟期注意防止鸟害。

技术来源：中国农业科学院油料作物研究所
咨 询 人：刘贵华

中油 36

中油 36（审定号：国审油 2010029）是中国农业科学院油料作物研究所选育的甘蓝型半冬性中早熟细胞质雄性不育三系杂交种，适宜在湖北、湖南、江西三省冬油菜主产区种植。

区试表现

2008—2010 年国家区试（长江中游区），平均亩产 153.7 千克，比对照中油杂 2 号减产 4.9%；平均亩产油量 70.3 千克，比对照增产 5.6%。2009—2010 年生产试验，平均亩产 147.0 千克，产油量 67.63 千克 / 亩，比对照中油杂 2 号增加 5.8%。千粒重 3.6 克，每角粒数 20.0 粒。芥酸含量 0.05%，饼粕硫苷含量 22.51 μ mol/ 克，含油量 45.75%。低感菌核病，抗倒性较强。

种植技术要点

播期和密度：长江中游地区育苗适宜播种期为 9 月上中旬，10 月上中旬移栽，种植密度每亩 1.0 万株左右；直播在 9 月下旬至 10 月初播种，种植密度每亩 2.5 万株左右。

田间管理：重施底肥，亩施复合肥 50 千克；必施硼肥，底施硼砂每亩 1 ～ 1.5 千克。

病虫害防治：在重病区注意防治菌核病，初花期后 1 周喷施菌核净，用量为每亩 100 克菌核净对水 50 千克。花期、结角与成熟期注意防止鸟害。

技术来源：中国农业科学院油料作物研究所

咨 询 人：刘贵华

中油 589

中油 589（审定号：国审油 2010011）是中国农业科学院油料作物研究所选育的杂交品种，适宜在湖北、湖南、江西三省冬油菜主产区种植。

区试表现

2008—2010 年国家区试（长江中游区），平均亩产 158.7 千克，比对照中油杂 2 号减产 0.6%；平均亩产油量 69.3 千克，比对照增产 5.2%。2009—2010 年生产试验，平均亩产 153.2 千克，比对照中油杂 2 号增产 2.2%。千粒重 4.0 克左右，每角粒数 20 粒。芥酸含量 0.05%，饼粕硫苷含量 19.98 μmol/ 克，含油量 43.58%。低感菌核病，抗倒性较强。

种植技术要点

播期和密度：适时早播，合理密植，育苗移栽 9 月中旬播种，亩栽 1 万株左右；直播 9 月下旬或 10 月上旬播种，亩定苗 1.8 万～2.5 万株。

田间管理：重施底肥，每亩施进口复合肥 50

千克左右，硼肥 1 千克左右；追施苗肥，移栽成活后，根据苗势每亩施尿素 15 千克左右；蜡肥春用，在 1 月底根据苗势每亩施尿素 10 千克，注意必施硼肥。

技术来源：中国农业科学院油料作物研究所
咨 询 人：梅德圣

希望 699

希望 699（审定号：国审油 2013012）是中国农业科学院油料作物研究所选育的常规品种，适宜在湖北、湖南、江西三省冬油菜主产区种植。

区试表现

2010—2013 年国家区试（长江中游区），平均亩产油量 71.20 千克，比对照中油杂 2 号增产 6.0%。2012—2013 年生产试验，平均亩产油量 85.34 千克，比对照中油杂 2 号（杂交种）增产 14.0%。每角粒数 19.5 粒，千粒重 4.46 克。芥酸含量 0.05%，饼粕硫苷含量 18.51 μ mol/ 克，含油量 45.86%。低抗菌核病，抗倒性较强。

种植技术要点

播期和密度：适时早播，育苗移栽适宜播种期为 9 月上、中旬，在中等肥力水平下，育苗移栽合理密度为每亩 1.0 万～ 1.2 万株，肥力水平较高时，密度为每亩 0.9 万～ 1.0 万株。直播在 9 月下旬至 10 月上旬播种，可适当密植，密度为每亩

1.8 万～ 3.0 万株。

田间管理：科学施肥，重施底肥，亩施复合肥 50 千克；于 5 ～ 8 片真叶时亩施尿素 15 千克左右；必施硼肥，底施硼砂每亩 1 ～ 1.5 千克。

病虫害防治：在重病区注意防治菌核病。

技术来源：中国农业科学院油料作物研究所
咨 询 人：梅德圣

阳光 2009

阳光 2009（审定编号：国审油 2011009）是中国农业科学院油料作物研究所选育的甘蓝型半冬性常规品种，适宜在湖南省、湖北省、江西省的冬油菜主产区推广种植。

区试表现

2009—2011 年国家区试（长江中游区），平均亩产 177.9 千克，比对照中油杂 2 号增产 5.2%。2010—2011 年生产试验，平均亩产 149.5 千克，比对照中油杂 2 号减产 1.5%。千粒重 3.79 克，每角粒数 19 粒。平均芥酸含量 0.25%，饼粕硫苷含量 18.39μmol/ 克，含油量 43.98%。低抗菌核病，抗倒性强。

种植技术要点

播期和密度：适时早播，长江中游地区直播宜在 9 月下旬至 10 月上旬播种，用种量每亩 0.2 ～ 0.4 千克。在中等肥力水平条件下，直播密度每亩 1.5 万～ 2.0 万株。

田间管理：合理施肥，重施底肥，追施苗肥，必施硼肥。

病虫害防治：油菜初花期1周内防治菌核病。

技术来源：中国农业科学院油料作物研究所

咨 询 人：张学昆　陆光远

沣油 679

沣油 679（审定号：国审油 2013010）是湖南省作物研究所选育的杂交品种，适宜在湖北、湖南、江西等省的冬油菜产区种植。

区试表现

2011—2013 年国家区试（长江中游区），平均亩产 181.8 千克，比对照中油杂 2 号增产 6.3%。2012—2013 年生产试验，平均亩产 177.9 千克，比对照中油杂 2 号增产 4.0%。千粒重 3.81 克，每角粒数 19.7 粒。芥酸含量 0.0%，饼粕硫苷含量 17.32μmol/ 克，含油量 42.16%。低感菌核病，抗倒性强。

种植技术要点

播期和密度：育苗移栽 9 月上中旬播种，种植密度棉地每亩 0.4 万～0.6 万株，稻田每亩 0.6 万～0.8 万株。直播 10 月上中旬播种，最迟不晚于 10 月下旬，种植密度每亩 2.5 万～3.5 万株，随播种时间推迟相应增加种植密度。

田间管理：底施含量为45%的氮磷钾复合肥每亩30千克、含硼量10%以上的硼肥每亩1千克。越冬期追施45%复合肥每亩10千克。植株主序中部角籽粒变黑时，可进行人工或机械割倒分段收获，全株黄熟时可进行机械一次性收获。

病虫害防治：确保田间排灌畅通，苗期重点防治草害、虫害，花期重点防治菌核病，结角与成熟期注意防止鸟害。

技术来源：湖南省作物研究所
湖北五三种业有限公司
咨 询 人：陈卫江 王跃进

沣油 5103

沣油 5103（审定号：国审油 2009012）是湖南省作物研究所选育的杂交品种，适宜在湖北、湖南、江西等省的冬油菜产区种植。

区试表现

2007—2009 年国家区试（长江中游区），平均亩产 170.94 千克，比对照中油杂 2 号增产 9.14%。2008—2009 年生产试验，平均亩产 154.4 千克，比对照中油杂 2 号增产 5.2%。千粒重 3.68 克，每角粒数 20.74 粒。芥酸含量 0.0%，饼粕硫苷含量 23.16μmol/ 克，籽粒含油量 42.48%。低感菌核病，抗倒性强。

种植技术要点

播期和密度：移栽 9 月下旬至 10 月初播种，种植密度每亩 0.8 万株；直播 10 月中旬播种，种植密度每亩 2.0 万株。

田间管理：播前施足底肥，播后施好追肥，每亩底施硼肥 1 千克。

病虫害防治：防治病虫害，重点做好菌核病的防治。

技术来源：中垦锦绣华农武汉科技有限公司
　　　　　湖南省作物研究所
咨 询 人：陈卫江　徐华成

沣油 520

沣油520（审定号：国审油2009009）是湖南省作物研究所选育的杂交品种，适宜在湖北、湖南、江西等省的冬油菜产区种植。

区试表现

2007—2009年国家区试（长江中游区），平均亩产167.67千克，比对照中油杂2号增产6.67%。2008—2009年生产试验，平均亩产162.11千克，比对照中油杂2号增产15.01 %。千粒重3.38克，每角粒数19.4粒，平均芥酸含量0.15%，饼粕硫苷含量24.63 μ mol/克，籽粒含油量41.91%。低抗菌核病，抗倒性强。

种植技术要点

播期和密度：育苗移栽9月上中旬播种，种植密度每亩0.8万～1.0万株；直播9月下旬至10月初，种植密度每亩2.0万～2.5万株。

田间管理：施足底肥，早施苗肥，必施硼肥；根据田间苗情采用相宜的肥、水调控，及时中耕。

病虫害防治：苗期防治猿叶虫、蚜虫、菜青虫；花期防治菌核病。

技术来源：湖南省作物研究所
　　　　　湖北中农种业有限责任公司
咨 询 人：陈卫江　刘春明

沣油 958

沣油 958（审定号：国审油 2012005）是湖南省作物研究所选育的杂交品种，适宜在湖北、湖南、江西等省的冬油菜产区种植。

区试表现

2010—2012 年国家区试（长江中游区），平均亩产 178.5 千克，比对照中油杂 2 号增产 7.3%。2011—2012 年生产试验，平均亩产 152.6 千克，比对照中油杂 2 号增产 15.6%。千粒重 3.39 克。芥酸含量 0.05%，饼粕硫苷含量 16.83 μmol/ 克，含油量 42.58%。中感菌核病，抗倒性强。

种植技术要点

播期和密度：育苗移栽 9 月上中旬播种，苗龄 30 天左右，种植密度每亩 0.6 万～0.8 万株；直播 10 月上中旬播种，种植密度每亩 2.0 万～3.0 万株。

田间管理：底肥每亩施45%复合肥30千克、硼肥1千克，追肥每亩10千克复合肥。

病虫害防治：注意防治菌核病等病虫害。

技术来源：湖南省作物研究所
　　　　　创世纪转基因技术有限公司
咨 询 人：陈卫江

阳光 198

阳光 198（审定号：国审油 2011004）是中国农业科学院油料作物研究所选育的甘蓝型半冬性常规品种，适合长江上游地区（四川省、重庆市、贵州省、云南省和陕西省）种植。

区试表现

2009—2011 年国家区试（长江上游区），平均亩产 180.7 千克，比对照油研 10 号（杂交种）增产 1.5%。2010—2011 年生产试验，平均亩产 176.2 千克，比对照油研 10 号（杂交种）增产 8.3%。每角粒数 18.2 粒，千粒重 3.61 克。平均芥酸含量 0.20%，饼粕硫苷含量 23.8 μ mol / 克，含油量 44.35%。低抗菌核病，抗倒性强。

种植技术要点

播期和密度：一般在 9 月底 10 月初直播，亩用种量 0.5 千克左右，播种密度每亩 2.0 万～4.0 万株。

田间管理：每亩施复合肥 50 千克左右，硼砂

1.5 千克左右。

病虫害防治：油菜初花期 1 周内防治菌核病。

技术来源：中国农业科学院油料作物研究所

咨 询 人：张学昆 陆光远

川油36

川油36（审定号：国审油2008005，国审油2009019，国审油2010002）是四川农科院作物所选育的甘蓝型中熟三系双低杂交种，适宜在四川省平丘冬油菜区、云南省、贵州省、重庆市、陕西省汉中市和安康市、湖北省、湖南省、江西省、上海市、浙江省以及安徽和江苏两省淮河以南的冬油菜主产区推广。

区试表现

2006—2008年国家区试（长江上游区），平均亩产171.58千克，比对照油研10号增产8.10%。2007—2008年生产试验，平均亩产144.08千克，比对照油研10号减产2.29%。每角粒数17.44粒，千粒重3.58g。芥酸含量0.2%，饼粕硫苷含量20.17μmol/g，含油量41.77%。低抗菌核病，抗倒性强。2007—2009年国家区试（长江下游区），平均亩产183.1千克，比对照秦优7号增产14.0%。2008—2009年生产试验，平均亩产193.5千克，比对照秦优7号增产14.8%。每角粒数

20.48粒，千粒重3.96克。芥酸含量0.15%，饼粕硫苷含量26.81μmol/g，含油量44.89%。低感菌核病，抗倒性较强。2008—2009年国家区试（长江中游区），平均亩产163.6千克，比对照中油杂2号增产3.5%；平均亩产油量70.7千克，比对照增产7.7%。2009—2010年生产试验，平均亩产154.3千克，比对照中油杂2号减产0.2%。每角粒数18.1粒，千粒重4.01克。芥酸含量0.05%，饼粕硫苷含量27.86μmol/克，含油量43.25%。低感菌核病，抗倒性较强。

种植技术要点

播期和密度：育苗移栽9月15～20日，10月中下旬移栽，种植密度每亩0.6万～0.8万株；直播10月15～20日，种植密度每亩0.8万～1.0万株。

田间管理：参照当地甘蓝型油菜高产栽培管理。

技术来源：四川省农业科学院作物所

咨 询 人：蒋梁材　蒲晓斌

陕油 107

陕油 107（审定号：国审油 2012012）是西北农林科技大学选育的杂交品种，适宜在安徽和江苏两省淮河以北、河南省、陕西省关中平原、山西省运城市、甘肃省陇南市的冬油菜区种植。

区试表现

2010—2012 年国家区试（黄淮区），平均亩产 222.5 千克，比对照秦优 7 号增产 5.2%。2011—2012 年生产试验，平均亩产 202.6 千克，比对照秦优 7 号增产 5.9%。千粒重 3.53 克，每角粒数 23 粒。芥酸含量 0.1%，饼粕硫苷含量 17.42 μ mol/ 克，含油量 42.53%。中感菌核病，抗倒性较强。

种植技术要点

播期与密度：直播 9 月 15 ～ 25 日，育苗移栽 9 月 5 ～ 10 日。种植密度每亩 1 万～ 1.2 万株。

田间管理：科学施肥，亩施尿素 10 千克、复合肥 20 ～ 25 千克、硼肥 1 ～ 1.5 千克。2 ～ 3 片真叶时间苗，5片真叶时定苗。适时中耕锄草，培育壮苗，常年12月下旬冬灌。

病虫害防治：播前随整地土壤施药，以防地下害虫；苗期注意防治跳甲、菜青虫和蚜虫；返青期预防茎象甲；开花后7天防治菌核病。

技术来源：西北农林科技大学
咨 询 人：徐爱遐

陕油 16

陕油 16（审定号：国审油 2010022）是西北农林科技大学选育的杂交品种，适宜在安徽和江苏两省淮河以北、河南省、陕西省关中平原、山西省运城市、甘肃省陇南市的冬油菜区种植。

区试表现

2008—2010 年国家区试（黄淮区），两年平均亩产 194.2 千克，比对照秦优 7 号增产 7.9%。2009—2010 年生产试验，平均亩产 188.3 千克，比对照秦优 7 号增产 6.9%。千粒重 3.63 克，每角粒数 20.4 粒。芥酸含量 0.15%，饼粕硫苷含量 18.85 μ mol/ 克，含油量 42.98%。抗菌核病，抗倒伏，抗寒性强。

种植技术要点

播期与密度：育苗移栽 9 月上旬，直播 9 月中旬；种植密度每亩 1.0 万～1.2 万株。

田间管理：亩施尿素 8 千克、复合肥 20～25 千克、硼肥 1～1.5 千克。2～3 片真叶时间苗，

5 片真叶时定苗。适时中耕锄草，培育壮苗，适时冬灌。

病虫害防治：播前随整地土壤施药，以防地下害虫；苗期注意防治跳甲、菜青虫和蚜虫；返青期预防茎象甲；开花后 7 天防治菌核病。

技术来源：西北农林科技大学

咨 询 人：徐爱遐

陕油 0913

陕油 0913（审定号：国审油 2011029）是西北农林科技大学选育的杂交品种，适宜在安徽和江苏两省淮河以北、河南省、陕西省关中平原、山西省运城市、甘肃省陇南市的冬油菜区种植。

区试表现

2009—2011 年国家区试（黄淮区），平均亩产 210.4 千克，比对照秦优 7 号增产 6.6%。2010—2011 年生产试验，平均亩产 201.1 千克，比对照秦优 7 号增产 0.7%。千粒重 3.44 克，每角粒数 23.0 粒。芥酸含量 0.0%，饼粕硫苷含量 21.57 μ mol/ 克，含油量 40.71%。低抗菌核病，中抗倒伏，抗寒性强，耐瘠薄。

种植技术要点

播期与密度：直播 9 月中旬，育苗移栽 9 月上旬。种植密度每亩 0.8 万～ 1.0 万株。

田间管理：亩施尿素 8 千克、复合肥 20 ～ 25 千克、硼肥 1 千克。2 ～ 3 片真叶时间苗，5 片真叶时定苗。适时中耕锄草，培育壮苗，常年 12 月下旬冬灌。

病虫害防治：播前随整地土壤施药，以防地下害虫；苗期注意防治跳甲、菜青虫和蚜虫；返青期预防茎象甲；开花后 7 天防治菌核病。

技术来源：西北农林科技大学
咨 询 人：徐爱遐

陕油 803

陕油 803（审定号：国审油 2012011）是西北农林科技大学选育的杂交品种，适宜在安徽和江苏两省淮河以北、河南省、陕西省关中平原、山西省运城市、甘肃省陇南市的冬油菜区种植。

区试表现

2010—2012 年国家区试（黄淮区），平均亩产 224.6 千克，比对照秦优 7 号增产 7.6%。2011—2012 年生产试验，平均亩产 200.7 千克，比对照秦优 7 号增产 4.9%。千粒重 3.13 克，每角粒数 21.54 粒。芥酸含量 0.05%，饼粕硫苷含量 24.22 μ mol/ 克，含油量 41.32%。抗病毒病，低感菌核病，抗倒性强。

种植技术要点

播期与密度：育苗移栽 9 月上中旬，直播 9 月中下旬；种植密度每亩 0.8 万～ 1.2 万株。

田间管理：亩施尿素 10 千克、复合肥 20 ～ 25 千克、硼肥 1 ～ 1.5 千克；2 ～ 3 片真叶时间苗，

5片真叶时定苗。适时中耕锄草，培育壮苗，适时冬灌。适时收获，在油菜七成熟时早晨或阴天收获为宜。

病虫害防治：播前整地时注意防治地下害虫，春季防虫以菜茎象甲、蚜虫为主，灌区注意防治菌核病。

技术来源：西北农林科技大学

咨 询 人：胡胜武

秦油 88

秦油 88（审定号：国审油 2013022）是陕西省杂交油菜研究中心选育的杂交品种，适宜江苏和安徽两省淮河以北、河南省、陕西省关中平原、山西省运城市、甘肃省陇南市的冬油菜区种植。

区试表现

2011—2013 年区试（黄淮区），平均亩产油量 104.0 千克，比对照秦优 7 号增产 12.1%。2012—2013 年生产试验，亩产油量 108.2 千克，比对照秦优 7 号增产 11.7%。千粒重 3.68 克，每角粒数 23.1 粒。芥酸含量 0.05%，饼粕硫苷含量 18.65 μ mol/ 克，含油量 46.37%。低感菌核病，抗倒性较强。

种植技术要点

播期和密度：黄淮区 9 月中下旬播种；直播种植密度每亩 2.0 万～ 2.5 万株。

田间管理：合理施肥，施足底肥，增施磷钾肥，施好硼肥。防冻保苗，5 ～ 6 叶期喷施多效唑，11 月中下旬结合中耕培土壅根。

病虫害防治：注意防治菌核病、蟋蟀、茎象甲等病虫害。

技术来源：陕西省杂交油菜研究中心

咨 询 人：张文学

丰油 730

丰油 730（审定号：湘审油 2008001　赣审油 2011004）由湖南省作物研究所选育，适宜在湖南、江西等省的冬油菜产区种植。

区试表现

2005—2007 年湖南省区试，平均亩产 179.6 千克，比对照中油 821 增产 11.5%。2006—2007 年湖南省生产试验，平均亩产 205 千克，比对照中油 821 增产 10.8%。2009—2011 年江西省油菜区试，平均亩产 143.60 千克，比对照中油杂 2 号增产 9.47%。千粒重 3.3 ～ 3.5 克。籽粒含油量湖南省 44.26%，江西省 42.3%。菌核病抗性与对照相当。

种植技术要点

播期和密度：育苗移栽湖南省 9 月上旬播种，江西 9 月中下旬播种；种植密度稻田每亩 0.8 万～ 1.0 万株。直播比育苗移栽推迟 10 ～ 15 天播种，种植密度每亩 1.5 万～ 2.0 万株。

田间管理：以基肥为主，可占总施肥量的70%，基肥中补施硼肥1～1.5千克，氮肥总用量控制在10千克左右。直播尤其要重视清沟排渍。

病虫害防治：苗期及时防治蚜虫、菜青虫，花期防治菌核病。

技术来源：湖南省作物研究所
隆平高科（湖南）棉油分公司
咨 询 人：陈卫江　李志清

湘杂油 591

湘杂油 591（审定号：湘审油 2010001）是湖南农业大学油料作物研究所选育的半冬性核不育杂交油菜品种，适宜在湖南省及周边地区机械化生产种植。

区试表现

2007—2009 年湖南省区试平均亩产 151.1 千克；亩产油量 67.1 千克，比对照中油杂 2 号增产 6.1%。生产试验平均亩产 180.8 千克，比对照中油杂 2 号增产 16.4 千克。千粒重 3.8 克，每角粒数 20 粒左右。芥酸含量 0.2%，饼粕硫苷含量 25.82 μ mol/ 克，含油量 44.83%。菌核病平均发病率 2.95%，病指 1.85；病毒病发病率 0.40%，病指 0.34%。

种植技术要点

播期和密度：育苗移栽湘南 9 月下旬、湘中 9 月中下旬、湘北 9 月上中旬播种，种植密度每亩 0.8 万株；直播 9 月中下旬至 10 月上旬播种，湖南省周边省区种植参照同等纬度地区播期，种植密度每亩2.0万～2.5万株，迟直播每亩3.0万株。

田间管理：亩产100千克菜籽，要求施纯氮12千克左右、纯磷5千克、纯钾10千克，基肥占总施肥量的60%，基肥、蜡肥施有机肥，苗期追肥1～2次，必须施用硼肥，中耕1～2次。主花序中部角果籽粒变花色时开始收割，若机收则需全株角果黄熟时后进行。成片种植，确保品质。

病虫害防治：冬前注意防治蚜虫和菜青虫，春后注意清沟排水。

技术来源：湖南农业大学油料作物研究所

咨 询 人：陈社员

湘杂油 518

湘杂油 518（审定号：湘审油 2014001）是湖南农业大学油料作物研究所和长沙金田种业有限公司选育的核不育杂交油菜品种，适宜在湖南省种植。

区试表现

2011—2013 年湖南省区试，平均亩产 158.90 千克，比对照沣油 520 增产 3.09%；平均每亩油产量 71.30 千克，比对照增产 10.86%。生产试验平均亩产 166.43 千克，比对照沣油 520 增产 10.22%。千粒重 3.7 克，每角粒数 19.4 粒。芥酸 0.0%，饼粕硫苷含量 19.5 μ mol/ 克。菌核病平均发病率 4.08%，病毒病发病率 0.14，抗倒性强。

种植技术要点

播期和密度：育苗移栽湘南 9 月下旬至 10 月上旬、湘中 9 月中下旬、湘北 9 月中旬播种，苗龄 30 ～ 35 天、叶龄 6 ～ 7 叶及时移栽到大田，种植密度每亩 0.8 万～ 1.2 万株；直播 9 月中下旬至10月上中旬播种，湖南省周边地区参照同等纬度区播种期，种植密度每亩2.0万～2.5万株。

田间管理：亩产100千克菜籽要求施纯氮10千克左右、纯磷5千克、纯钾10千克，基肥占总施肥量的60%，基肥、蜡肥施有机肥，苗期追肥1～2次，每亩施用硼肥0.5～1千克，中耕1～2次。

病虫害防治：冬前防治蚜虫和菜青虫，春后注意清沟排水。

技术来源：湖南农业大学油料作物研究所
咨 询 人：陈社员

沣油 792

沣油 792（审定号：湘审油 2011005）是湖南省作物研究所选育的杂交品种，适宜在湖南省油菜产区种植。

区试表现

2009—2010 年湖南省区试，平均亩产 154.9 千克，比对照中油杂 2 号增产 5.3%。含油量 41.48%，千粒重 4.11 克。菌核病发病率 4.2% ～ 7.0%，病毒病发病率 0.23% ～ 0.78%，抗倒性较好。

种植技术要点

播期和密度：移栽播种期为 9 月上中旬，种植密度每亩 0.6 万～ 0.8 万株；直播播种期 9 月下旬至 10 月中旬，种植密度每亩 1.5 万～ 2.5 万株。

田间管理：每亩施 45% 的复合肥 40 千克，以基肥为主，占总肥量的 70%，基肥中每亩配施含量 10% 以上的硼肥 1 千克。确保田间保持排水畅通，并根据苗情增施苗、蜡肥。

病虫害防治：冬前注意防蚜虫、菜青虫，春后注意清沟排水，花期注意防治菌核病。

技术来源：湖南春云农业科技股份有限公司
　　　　　湖南省作物研究所
咨 询 人：陈卫江　田森林

渝油 27

渝油 27（审定号：渝审油 2012002）是甘蓝型隐性雄性不育三系双低杂交油菜，由西南大学选育，适宜在重庆市油菜种植区推广。

区试表现

重庆市两年区试，平均亩产 150.65 千克，比对照油研 10 号增产 9.97%。生产试验平均亩产 169.35 千克，比对照油研 10 号增产 13.33%。千粒重 3.30 克，每角粒数 17.1 粒。芥酸含量 0.0%，饼粕硫苷含量 21.05 μmol/ 克，含油量 40.12%。抗病毒病，中抗菌核病。

种植技术要点

播期和密度：丘陵平坝区育苗播种期在 9 月 20 日左右，武陵山区和高海拔区在 9 月 10 日左右，免耕直播推迟 10 天左右；种植密度育苗移栽每亩 0.6 万～ 0.8 万株，土壤肥力较差的田块每亩 1.0 万～ 1.2 万株。

田间管理：氮、磷、钾、硼合理配合使用，早施苗肥，适时追施开盘肥和蕾薹肥。及时中耕除草，培土壅蔸。

病虫害防治：初花期加强防治菌核病。

技术来源：西南大学

咨 询 人：李加纳

渝油 28

渝油 28（审定号：渝审油 2014002）是西南大学选育的甘蓝型化学诱导不育两系双低杂交油菜，适宜在重庆市油菜种植区推广。

区试表现

重庆市两年区试，平均亩产 178.34 千克，比对照油研 10 号增产 15.1%。生产试验平均亩产 190.5 千克，比对照油研 10 号增产 9.0%。千粒重 4.00 克，每角粒数 16.3 粒。芥酸含量 0.1%，饼粕硫苷含量 23.69 μmol/ 克，含油量 42.21%。抗病毒病，抗菌核病。

种植技术要点

播期和密度：育苗移栽丘陵平坝区在 9 月 20 日左右，武陵山区和高海拔区在 9 月 10 日左右。免耕直播推迟 10 天左右。种植密度育苗移栽每亩 0.6 万～ 0.8 万株，土壤肥力较差的田块每亩 1.0 万～ 1.2 万株。

田间管理：氮、磷、钾、硼合理配合使用，早施苗肥，适时追施开盘肥和蕾薹肥。及时中耕除草，培土壅蔸。

病虫害防治：初花期加强防治菌核病。

技术来源：西南大学

咨 询 人：李加纳

云油杂9号

云油杂9号（审定号：滇审油菜2013001号）是云南省农业科学院经济作物研究所选育的半冬性甘蓝型油菜细胞质雄性不育早熟杂交种，适宜在云贵高原海拔800～2 400米油菜产区及早熟冬油菜区或春油菜区种植。

区试表现

云南省区域试验，平均亩产203.10千克，比对照花油5号增产9.8%。生产试验平均亩产247.62千克，比对照花油5号增产21.75%。千粒重3.7克，每果粒数21.7粒。芥酸未检出，饼粕硫苷含量25.28 μ mol/克，粗脂肪含量42.65%。高抗白锈病，抗病毒病。

种植技术要点

播期和密度：一般在10月上中旬播种；种植密度移栽每亩0.8万～1.0万株，直播每亩1.5万～1.8万株。

田间管理：施足底肥，早施多施苗肥，增施硼肥。早间苗，4～5叶期定苗。根据墒情适时灌水，速灌速排。为降低株高，可在早薹期打顶。

病虫害防治：出苗后及时防治虫害保全苗。

技术来源：云南省农业科学院经济作物研究所

咨 询 人：董云松

云油杂10号

云油杂10号（审定号：滇审油菜2011001号）是云南省农业科学院经济作物研究所选育的杂交品种，适宜在云贵高原海拔800～2 400米的产区以及贵州省、广西壮族自治区等早熟冬油菜区或春油菜区种植。

区试表现

云南省区域试验，平均亩产226.99千克，比对照花油8号增产17.39%。生产试验，平均亩产243.15千克，较当地推广品种增产14.1%～31.5%。千粒重3.6克，每角粒数18.5粒。芥酸未检出，饼粕硫苷含量24.74μmol/克，粗脂肪含量44.18%。高抗白锈病，抗病毒病。

种植技术要点

播期和密度：10月中下旬播种；种植密度移栽每亩0.8万～1.0万株，直播每亩1.5万～1.8万株。

田间管理：配方施肥，施足底肥、早施多施苗肥、增施硼肥。早间苗，4～5叶期定苗。根据墒情，在苗期、终花及成熟前期灌水2～4次。

病虫害防治：出苗后及时防治虫害保全苗。

技术来源：云南省农业科学院经济作物研究所

咨 询 人：董云松

第二章
油菜丰产高效栽培与抗灾技术

油菜大壮苗育苗技术

在油稻稻和油棉等有季节矛盾的地区，提前培育油菜大壮苗，在前茬收获前后移栽，可充分利用光温肥水资源，增加油菜冬前绿叶数和干物质积累，利于获得高产。

技术要点

苗床准备：油菜苗床应选择地势平坦、不受荫蔽、远离畜禽、肥力中等偏上和排灌方便的田块。提前2周亩施优质有机肥1 000千克、三元复合肥（45%）15～20千克、硼砂1千克。

适时播种：9月上中旬播种，苗床与大田的面积比例以1:（7～9）为宜，亩播种量为0.7千克左右。

加强苗床管理：①早定苗；②早施肥；③早治虫，油菜苗期害虫主要有蚜虫、菜青虫等；④早控苗，在油菜的3叶期用15%的多效唑50克对水50千克喷雾，培育矮壮苗。

应用效果

应用该技术后，可节约种子，亩增产 15 千克左右，亩增加产值 60 元左右。

技术来源：中国农业科学院油料作物研究所
　　　　　湖南农业大学

稻板田油菜免耕移栽技术

水稻收获后，直接在稻茬板田移栽油菜，不经过耕翻整地过程。本技术与油菜大壮苗育苗技术结合，可以充分利用冬前良好的光温条件，秋发快长，较快搭好油菜营养苗架，实现春后油菜高产。同时通过免耕还能降低劳动力成本，保持土壤结构，透水透气，有利于农业生产的可持续发展。

技术要点

育苗：选择优良品种，9月上中旬育苗播种。

化学除草：在油菜移栽前3～5天，采用克无踪、扑草净等除草剂，对土壤表面均匀喷雾除草。

开沟作厢：按厢宽1.5米、沟宽0.25米、沟深0.2米开好厢沟，按沟宽0.3米、沟深0.25米开好围沟和腰沟，做到三沟相通，开沟时将沟土打碎均匀平铺于厢面。

大田移栽：选择壮苗带土移栽，结合浇定根水每亩施尿素2～3千克提苗。每亩栽植

6 000 ～ 8 000 株。

田间管理：每亩施用复合肥 30 ～ 40 千克，早施提苗肥，稳施薹肥，注意防治病虫草害。

应用效果

比传统的油菜育苗翻耕移栽技术节本增效 10% ～ 15%。

技术来源：中国农业科学院油料作物研究所
　　　　　华中农业大学

油菜开沟摆栽技术

针对长江流域多熟制地区油菜茬口矛盾，传统移栽模式用工多、效益低、手工移栽密度过低等问题，研发了油菜开沟摆栽技术。采用机械开沟、摆栽油菜苗、覆盖压土等一次作业，完成多道工序，实现了油菜适期早栽、合理密植、保温保墒、培育壮苗、抗灾减灾和丰产稳产。

技术要点

前茬作物收获后，及时翻耕后用专用机械或专用犁铧定厢开苗沟，然后将油菜苗紧贴于苗沟内侧摆放，随后用土盖根压实。栽后及时清沟理墒，沟深 20 厘米以上。

注意事项：一是摆栽时必须压实压根土，确保根土密接；二是适当缩小株距，或采用双株摆栽，提高移栽密度；三是注意清沟理墒，防止渍害。

应用效果

与传统移栽油菜相比，平均每亩增产 10%～20%，亩节省用工 2～3 个。合计亩均省工节本、增产增效 200～300 元。

技术来源：中国农业科学院油料作物研究所
江苏省农业科学院

油菜棉田免耕套栽技术

棉花种植效益好的年份，农户惜花，往往延迟到11月底甚至冬至才停止采摘秋桃并拔秆毁茬，此时再务油菜，无论直播或移栽都嫌太晚，影响油菜产量。为了消除棉花与油菜的季节矛盾，本技术从栽种棉花开始即预留出油菜的生长空间，不等棉花毁茬，直接在棉花行间移栽油菜，实行油菜棉田免耕套栽。

技术要点

棉田开厢及茬口要提前准备，为移栽油菜预留空间。

油菜播期和播种量需优化，播种量每亩0.5千克；9月15～20日育苗，培育大壮苗，苗龄严格控制在30～35天。最佳套栽期为10月15～25日。

播前施足基肥，复合肥40千克+硼肥1千克撒施在棉田预留行间；控制氮肥用量；重施草木灰或钾肥壮秆。

大田栽培密度每亩4 500株左右。

应用效果

保证棉油平衡高产，提高农田综合生产能力；降低劳动强度，缓解农村种田劳动力不足的问题，节省了成本。

技术来源：中国农业科学院油料作物研究所
　　　　　华中农业大学

油菜棉田套播技术

长江流域油菜和棉花存在一定的季节矛盾，若在棉花秋桃采收结束之后再整地播种油菜，则错过了油菜最佳播种期，影响油菜产量。在栽种棉花时为套播油菜预留空间，适时将油菜种子免耕套播于棉花行间，油菜与棉花共生一段时间，有利于油菜早生壮苗，同时不影响棉花生产，实现油菜和棉花平衡高产。

技术要点

棉花移栽前整地开厢，厢面宽度160厘米，厢沟宽30厘米、沟深20厘米。5月中旬移栽棉花，在厢面上栽2行棉花，棉花行间预留100厘米宽的净空间，用于播种油菜；9月中下旬至10月初适期播种油菜，在长江中游地区一般不应晚于10月15日。播前施足基肥，复合肥40千克+硼肥1千克撒施在棉田预留行间；抢墒精量播种，用中耕器微耕1次，配合用铁耙将空地整平。播种量每亩0.2～0.4千克；尽量条播，优化种植密度，平均行距30厘米，3叶1心定苗，株距

18～22厘米，每亩理论密度12 000株左右。由于预留行占地45%，田间实有株数为每亩6 000株左右。

应用效果

棉花秋桃一般到11月中旬采收完成，采用棉田套播油菜技术，则油菜至少可以提前30～40天播种，为油菜充分利用冬前良好的温光条件，搭好苗架打好基础，保证翌年夏天油菜丰产。套播油菜之后，棉花秋桃可以延长采收到11月底，再拔掉棉秆。棉田套播油菜亩产较迟播油菜增产20%～25%，比10月中旬棉花提早拔秆种植油菜多产棉花15～20千克。

技术来源：中国农业科学院油料作物研究所
　　　　　华中农业大学

油菜一菜两用高效丰产技术

中国双低品质育种的进步，使得现阶段主栽油菜品种营养体中饼粕硫苷成分降低，油菜薹的口感变好。加之腊月前后蔬菜供应不足，利用城市近郊区大面积种植的油菜发展“一菜两用”，不影响油菜产油同时又增加了城市蔬菜供应，农户种植油菜可得双倍效益。

技术要点

选用优质“双低”兼具早生快发特性的油菜品种。培育壮苗，精细耕整苗床，苗床土壤细碎，平整，排灌方便，苗床与大田比例小于等于1:5。结合整地亩施腐熟有机肥5 000千克，复合肥25千克，硼肥1千克。开好厢沟，厢宽1.5米。适期早播，播种时间以8月末至9月初为宜，每亩播种量0.4千克。出苗后一叶一心间苗，三叶一心定苗，每平方米均匀留苗110～130株，3～5叶期用1 000毫克/升多效唑水溶液均匀喷雾一次，三叶期定苗后及时亩施尿素2.5千克或清水粪提苗。移栽前5～7天，亩追施尿素2.5～4千克。

苗期注意防治蚜虫、菜青虫，可选用吡虫啉（蚜虱净）等。适时移栽到本田，移栽密度以每亩6 000 ～ 7 000株为宜。主攻早秋发壮苗栽培技术，整田时施足底肥；活棵后早施追肥，亩施尿素5 ～ 7千克促早发；冬至前后重施蜡肥，亩压土杂肥3 000千克并施尿素10千克；薹肥在摘薹前7 ～ 10天亩施尿素5 ～ 7千克。菜薹30厘米左右可以摘薹，选择晴朗天气，用小刀切除（摘薹）15 ～ 20厘米，保留薹桩10厘米左右最为适宜。实现早发、早薹、壮薹，收获菜薹、菜籽，蔬菜、菜籽油双高产、双高效。

应用效果

一般每亩摘薹250 ～ 300千克左右。菜贩到地头收购，每千克鲜菜薹价格约1.2元，蔬菜收入每亩300 ～ 360元。本技术应用得当，油菜籽产量和当地中高产对照田持平。

技术来源：中国农业科学院油料作物研究所
湖北省油菜办公室

三熟制早熟油菜轻简化生产技术

中国南方光温条件好的地区，传统上就有“油稻稻”种植模式和习惯。近年来，由于偏重粮食生产，水稻品种的生育期延长，加剧了油菜—稻—稻季节矛盾，油菜产量和效益下滑，农户种植油菜的意愿下降，产生大量冬闲田。选用早熟油菜品种，并针对其营养生长向生殖生长转换过程较快，花芽分化提前等特点，着力加强苗前期管理，大苗、壮苗过冬，后期防早衰，促进有效分枝和结实率，实现早熟高产。

技术要点

选用优良早熟品种，晚稻收获后晒田（土壤干旱板结的灌跑马水），开好三沟，深沟窄厢，厢宽 1.5 ～ 1.8m。根据土壤墒情、肥力和播期，确定适合的播种量（一般每亩 450 ～ 650 克），按每 500 克油菜种子 +10 千克复合肥拌种。在厢面上抢时免（少）耕条播或撒播，播种后利用稻草粉碎后拌土覆盖。油菜播期不应晚于 10 月 20 日，一播全苗，基本苗控制在每公顷 45 万～ 60 万株。

油菜三叶期施苗肥，元月初重施蜡肥。油菜密垄前注意化学防除杂草。

应用效果

缓解了油稻稻三熟制地区的茬口矛盾，提高了复种指数和农田资源等的高效利用。与传统的种植相比，平均每亩节省用工 3 ～ 5 个，亩增加经济效益 200 ～ 400 元。

技术来源：湖南省农业科学院
中国农业科学院油料作物研究所

北方春油菜抢墒直播技术

北方春油菜产区春季干旱少雨，风沙天气较多，土壤水分蒸发较快，导致土壤墒情不够，播种后出苗率低，油菜基本苗稀少造成减产。本技术的关键是通过择良地、蓄水保墒、抢墒、接墒和沟播、镇压等措施，实现一播全苗，确保油菜丰产。

技术要点

选择土地肥沃、草荒轻的秋翻或休闲夏翻地种植春油菜，在地势上要背风向阳，严禁在重茬、风口、高岗和低洼地种植油菜。有灌溉条件的油菜产区一般采用秋翻灌冬水，表土干至机械能进地时进行耢地，翌年春季土壤化冻5～10厘米时及时进行施肥、施药、旋耕、耙地、播种，播种后为了保墒可再进行一次浅耙或镇压。有些地方直接在秋翻地或春翻地上施肥、施药、播种，然后再浇水，表土干至机械能进地时，进行耙地破除板结，这种方法轻简实用，土壤含水量大，有利于形成全苗壮苗。无灌溉条件的油菜产区宜采用少免耕播种技术，免耕播种和翻耕播种交替进行，翻耕播种应在春季土壤化冻 5～10 厘米时及时进行施肥、施药、翻耕（旋耕）、耙地、播种，播种后为了保墒再进行一次浅耙或镇压。适宜播种期以土壤化冻 5～10 厘米为宜，低海拔地区为 3 月中旬至 4 月上旬，高海拔和高纬地区以 4 月中旬至 5 月上旬。整地到播种的时间间隔越短越好，整地后应及时抢墒播种，播种后应及时开展浅耙或镇压等保墒措施；采用机械条播，播种深度 3～4 厘米。

甘蓝型双低油菜种植密度应根据品种、土壤墒情和土壤肥力情况确定，水肥条件好的地块油菜基本苗控制在每亩 2.5 万～3.5 万株，水肥条件较差则应提高到每亩 5.0 万～6.0 万株。播种量根据种子发芽率和土壤墒情确定，一般为每亩 0.4～0.5 千克。

应用效果

采用此技术，油菜均能苗齐、苗壮。结合田间管理和草病害综合治理，产量可达高产水平。

技术来源：青海省农林科学院
国家油菜产业技术体系海拉尔综合试验站

油菜渍害综合防治技术

稻田土壤含水量过高、土壤黏重和通气不良，容易引起后茬油菜根际缺氧，根系发育受阻，幼苗生长缓慢甚至死苗，从而形成渍害。渍害可导致油菜株高、茎粗、根粗、根长、绿叶数、叶面积、干重等均明显降低，有效分枝数、单株角果数和粒数大幅下降，产量降低20%以上。同时，渍害油菜苗势弱，抗耐性较低，加上土壤田间湿度大，有利于病菌繁殖和传播，引起根腐、茎腐、霜霉病、菌核病、杂草等大量发生和蔓延，造成渍害次生灾害。因此，针对稻田油菜渍害问题，研发并集成组装了稻田油菜渍害综合防治技术。

技术要点

水稻收获抓紧时间疏沟沥水、晒田3～5天，至脚不沾泥可开始翻耕翻整，改善土壤通透性。油菜种植做到深沟窄厢，三沟配套。中沟和环沟的沟深≥30厘米，厢宽≥1.5厘米左右。尽量做到开沟条栽。在发生渍害的田块，要注意防止次生病害的发生。对湿度大土壤黏重的田块可撒施适量草木灰于厢面。

应用效果

缓解了稻田油菜渍害问题，促进了油菜高产稳产。应用稻田油菜渍害综合防治技术，菜籽每亩增产 8% 以上，经济效益增加 15% 以上。

技术来源：中国农业科学院油料作物研究所

秋季抗旱保苗综合防治技术

干旱是限制油菜生产和发展的重要因素之一，长江流域秋旱发生频繁，危害大，易造成直播油菜播期偏晚，出苗不齐，移栽油菜缓苗期长，绿叶面积小，油菜冬前达不到壮苗，抗灾能力差，引发冬春冻害；另外，干旱气候容易引发蚜虫和青菜虫等虫害和并发性的病毒病暴发。因此，需要综合防治，抵御秋旱。

技术要点

选用耐旱性强的品种是经济又有效的途径；适时播种（移栽）；采取抗旱栽培措施，如增加密度、少免耕技术、覆土保苗、叶面喷施抗旱剂等；节水灌溉，利用局部灌溉或喷灌等节水措施可以改善油菜土壤墒情；灾后追肥促苗，旱情缓解后及时追施氮磷钾肥硼，促进油菜恢复生长；注意病虫害的防治。

应用效果

改善秋旱造成的油菜出苗不全不齐的现象，力争在冬前达到壮苗，避免冬季冻害，保证油菜稳产高产。

技术来源：中国农业科学院油料作物研究所

冬春干旱综合防治技术

冬季是油菜花芽分化和营养体生长时期，此时干旱可导致分枝和花芽分化显著减少，花期缩短，单株角果数下降；春季是油菜营养生长和生殖生长两旺期，也是油菜一生中需水“临界期”，此期干旱易导致油菜营养生长和生殖生长的矛盾大增，花期缩短，花儿不实，产量和含油量显著降低。为此，提出油菜冬春干旱综合防治技术。

技术要点

移栽或者播种后覆盖适量稻草，减少土壤水分蒸发，降低冬春旱害；漫灌抗旱，及时排除田间积水，灌溉后浅锄松土除草，以防板结和保蓄水分；旺长田块喷施矮壮素等生长抑制剂来增强抗旱性；灾后叶面喷施1 000～1 200倍液的黄腐酸可减轻灾害损失；亩追施尿素5～7.5千克，亩施氯化钾5千克提苗；结合病虫害的防治，在蕾薹期喷施硼肥防止“花儿不实”；灾情严重田块应该抓住季节及时改种其他作物。

应用效果

保证油菜的正常生长发育，避免或减轻灾情对油菜产量和品质的影响。

技术来源：中国农业科学院油料作物研究所

冻害防治与恢复技术

油菜遇到冻害（含倒春寒）时，植物体内发生冰冻，可能造成生育期延迟、油菜薹花受害、影响授粉和结实、减产，严重时导致植株受伤死亡。为了确保油菜稳产高产，应在油菜生产的各个环节采取相应预防及恢复措施，降低冻害对油菜的产量的影响。

技术要点

选择抗寒油菜品种；适时播种移栽，冬油菜播种一般9月中旬至10月中旬；加强田间管理，培育壮苗，行间覆盖稻草、谷壳等来减轻冻害；及时摘除早薹早花，抑制主茎的发育进程，躲避低温冻害；冻后亩追施尿素5～7千克促进油菜恢复生长，及时清沟壅土减轻冻害对根系的伤害，促进根系的发展；冻害发生后，加强测报，做好防治工作，减轻次生灾害的发生。

应用效果

预防或减轻冻害对油菜的损伤，避免冻害带来油菜减产或地块绝收等情况，保证农民收入。

技术来源：中国农业科学院油料作物研究所
　　　　　华中农业大学

第三章 油菜病虫草害防治技术

直播油菜化学封闭除草技术

直播油菜杂草种类多、危害重，一般年份造成油菜减产10%～15%。我国不同油菜区域杂草种类有所差别，主要有禾本科的看麦娘、日本看麦娘、早熟禾、棒头草、牛筋草、茵草及阔叶类的牛繁缕、猪殃殃、荠菜、野老鹳、大巢菜、稻搓菜、婆婆纳等。本技术针对直播油菜研发，具有技术使用简单、防治效果好、成本低等特点。

技术要点

人工直播油菜：油菜播种盖土后出苗前1～3天喷施土壤封闭型除草剂，如每亩用50%乙草胺乳油80～100毫升对水40～50千克，均匀喷施土表。

机播油菜：在油菜播种机上配套安装喷雾施药装置，在油菜播种后立刻喷施土壤封闭除草剂，每亩用50%乙草胺乳油80～100毫升。

应用效果

除草效果80%左右，地平土碎、地表无植物残株的田块，除草效果好。用药成本每亩5～10元。

技术来源：中国农业科学院油料作物研究所
咨 询 人：陈坤荣　方小平

移栽油菜选择性化学除草技术

移栽油菜田主要杂草有禾本科的看麦娘、日本看麦娘、早熟禾、棒头草、牛筋草、茼草及阔叶类的牛繁缕、猪殃殃、荠菜、野老鹳、大巢菜、稻搓菜、婆婆纳等，不同油菜产区优势杂草种类有差别。移栽油菜田杂草一般在油菜移栽后一星期左右出苗，在越冬前出现杂草发生高峰期，是杂草防治的关键期。

技术要点

在杂草1～4叶期施药。禾本科杂草防除可选用精喹禾灵、氟吡甲禾灵、稀草酮等除草剂。阔叶类杂草防除可选用草除灵、龙拳、胺苯磺隆等除草剂。也可选用兼除禾本科和阔叶类杂草的除草剂。每亩用药量严格按各种除草剂使用说明配制。

应用效果

除草效果80%～90%，用药成本每亩5～15元。

技术来源：中国农业科学院油料作物研究所

咨 询 人：陈坤荣　方小平

油菜花期一促四防综合防治技术

油菜生产中，存在花而不实、后期早衰、菌核病危害重、高温逼熟等限制因素，妨碍了油菜高产高效的实现。研发的油菜花期“一促四防”技术，可以防治花而不实、早衰、菌核病和高温逼熟，增加角果数和粒重，提高产量。

技术要点

在油菜初花至盛花期喷施药肥，每亩喷施的药肥成分包括：磷酸二氢钾（50克）、油乐硼（15克）和咪鲜胺（15克），对水20～30升。

应用效果

增产5%以上，亩综合效益增加20元以上。

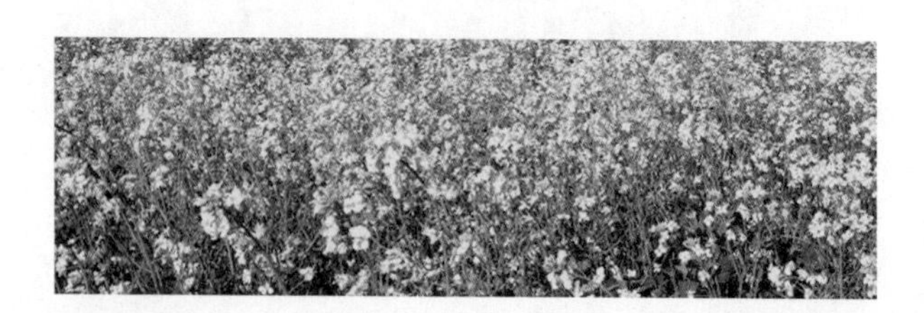

技术来源：中国农业科学院油料作物研究所
咨 询 人：任　莉　方小平

油菜幼苗猝倒病防治技术

由腐霉菌（*Pythium aphanidermatum*）引起的油菜猝倒病是一种土传病害，一般在油菜二叶期以前发病，多雨年份危害较重，因造成大面积死苗导致损失严重。本技术主要以预防为主，发病时及时使用杀菌剂防治。

技术要点

选用抗病油菜品种。针对多雨高湿的地区，除注意田间排水、合理密植外，在油菜播前用50%多菌灵每平方米8～10克拌土预防病害发生。发病后可用75%百菌清1 000倍液喷施幼苗和土壤。

应用效果

多菌灵拌土处理后油菜幼苗极少发生猝倒病，有良好的预防效果。发病后采用百菌清防治效果明显，且防治成本低。

技术来源：中国农业科学院油料作物研究所
咨 询 人：任　莉　方小平

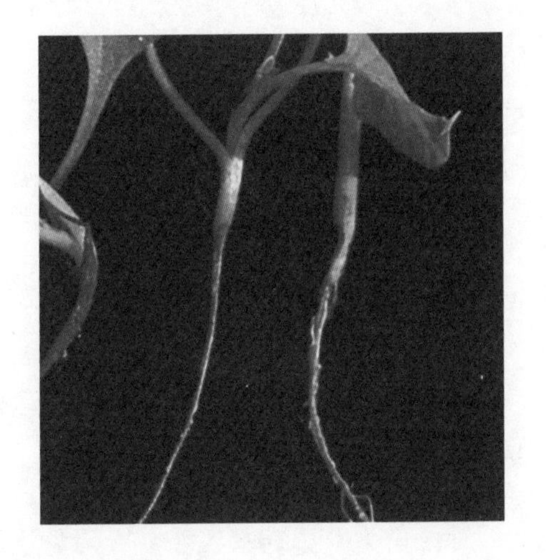

油菜霜霉病防治技术

霜霉病在油菜主产区均有发生，苗期发病易引起死苗，蕾薹期造成叶片枯死、植株早衰。霜霉病属土传和种传病害，低温、高湿和寡照有利于病害发生。本技术主要以种植抗病品种为基础，加强栽培管理，必要时辅以药剂防治。

技术要点

选用抗霜霉病品种，目前生产上推广的双低品种多数霜霉病抗性较好。油菜苗期和蕾薹期多雨年份，发病率达20%以上时喷药防治。可用的杀菌剂包括80%稀酰吗啉2 500倍液、72%霜脲·猛锌800～1 000倍液和250克/升嘧菌酯1 000～1 500倍液等。

应用效果

稀酰吗啉和霜脲·猛锌防治油菜霜霉病速效持久，1周内能见效，药效可持续3周以上。嘧菌酯为保护性药剂，在发病初期使用效果较好。

但这3种杀菌剂价格均偏高，用于霜霉病防治一次施药的成本为每亩15～20元。

技术来源：中国农业科学院油料作物研究所
咨 询 人：任　莉　方小平

油菜菌核病防治技术

油菜菌核病由于同时具有土传和气传的特点，防治困难，采用单一的防治技术难以取得较好的防治效果。根据“预防为主，综合防治”研制本项防治技术，主要以抗病品种和生物防治为基础，化学农药为辅的综合防治技术。

技术要点

选用抗病油菜品种。播种整地时和油菜收获后施用盾壳霉生防菌剂（1×10^{12}个孢子/kg）200克/亩，对水40～50千克喷施。根据病情发生预测预报结果决定是否施药，如施药，在油菜初花期和盛花期各喷施1次咪鲜胺（每亩15克），两次施药时间间隔7天以上。

应用效果

平均防效85%，平均增产10%，防治成本降低20%。

技术来源：中国农业科学院油料作物研究所
咨 询 人：任　莉　方小平

油菜根肿病防治技术

油菜根肿病在四川省、云南省、安徽省和湖北省油菜产区危害严重，也广泛分布于我国十字花科蔬菜的主产区，发病面积逐年迅速增加。该病由芸薹根肿菌引起，属土传和种传病害，病菌休眠孢子能在土壤中存活10年以上，一旦传入，单一防治技术很难有效控制危害。本技术针对我国油菜根肿病发病区的农民种植习惯和经济水平研发，具有推广简单易行、防治效果好、成本较低等特点。

技术要点

育苗移栽油菜采用10%氰霜唑1 500～2 000倍药液充分淋土（淋土深度15厘米以上），消毒苗床，移栽后用0.5克/升百菌清水定根；直播油菜采用15%氟啶胺种衣剂1∶50包衣（1克种子使用1毫升包衣剂），或每100克种子用6～10克氟啶胺丸粒化油菜种子直接播种。

应用效果

移栽油菜根肿病的防治效果 80% 左右，防治药剂成本每亩 20 元左右；直播油菜防治效果 70% 左右，防治药剂成本每亩 20 元左右。

技术来源：中国农业科学院油料作物研究所
咨 询 人：任　莉　方小平

油菜蚜虫综合防治技术

蚜虫是中国油菜生产上最主要的害虫之一，常年均有较大面积的发生，如果防治不当，往往造成很大损失。蚜虫为害后一般可造成油菜减产5%～20%，严重的达40%以上，甚至绝收。根据蚜虫危害特点和发生时期，选择适当的药剂和正确的防治方法，可大大提高对害虫防效，实现增产增效。

技术要点

蚜虫防治应抓住3个关键时期施药：一是苗期（3片真叶）；二是蕾薹期；三是花角期。根据蚜虫的发生量来决定是否施药，当苗期有蚜株率达到10%～30%、花角期有蚜枝率达到10%时进行防治。可选用10%吡虫啉可湿性粉剂2 500～4 000倍液，或48%噻虫啉悬浮剂2 000～3 000倍液，或5%高效顺反氯氰菊酯乳油2 000倍液喷雾防治。此外，还可采用10%吡虫啉可湿性粉剂，每亩40克拌土底施于播栽穴，对蚜虫具有长效防控效果。

应用效果

采用该技术防治蚜虫，油菜千粒重平均可增加6%左右，菌核病减轻45%左右，平均增产14%左右，最高增产40%以上。

技术来源：安徽省农业科学院作物研究所
咨 询 人：侯树敏

油菜菜青虫（菜粉蝶）防治技术

菜青虫是中国油菜生产上的主要害虫，其为害一般可造成油菜减产 5% ～ 10%，严重的达 30% 以上，甚至绝收。菜青虫防治，根据虫情选择适当的杀虫剂可以有效控制为害，实现增产增效。

技术要点

菜青虫防治最适时期是菜青虫的低龄期。油菜百株虫量达到 20 ～ 40 头时，需进行防治。可选用：

3% 啶虫脒乳油 1 000 ～ 2 000 倍液，或 12.5% 氟氯氰菊酯悬浮剂 8 000 ～ 10 000 倍液，或 2.5% 联苯菊酯乳油或 20% 氰戊菊酯乳油 3 000 倍液，或 10% 氯氰菊酯乳油 3 000 倍液，进行喷雾。

应用效果

采用该技术防治菜青虫，可增产 10% 左右。

技术来源：安徽省农业科学院作物研究所
咨 询 人：侯树敏

油菜小菜蛾综合防治技术

小菜蛾是中国油菜生产上的主要害虫之一，时常有较大面积的发生。小菜蛾为害一般可造成油菜减产约15%～30%，严重的达70%以上，甚至绝收。根据小菜蛾危害特点和发生时期，选择适当的药剂和正确的防治方法，可大大提高对害虫防效，实现增产增效。

技术要点

小菜蛾防治应抓住两个时期施药：一是苗期；二是蕾薹至初花期（关键时期）。由于小菜蛾易产生抗药性，因此，在防治小菜蛾时需交替使用不同药剂，避免同一种药剂连续多次使用产生抗药性。当小菜蛾2～3龄幼虫百株虫量达20头左右时开始施药，可选用：每亩4.5%高效氯氰菊酯乳油30～50毫升，或每亩21%毒死蜱乳油50～60毫升，或6%阿维高氯乳油2 500～3 000倍液，或5%高效顺反氯氰菊酯乳油3 000倍液，或2.5%敌杀死乳剂700倍液，或每亩1.8%阿维菌素乳油20～30毫升，或菜喜悬浮剂 1 000 ～ 1 500 倍液，或 Bt 乳剂 500 ～ 1 000 倍液，在小菜蛾 2 ～ 3 龄幼虫高峰期喷雾防治。

应用效果

采用该技术防治小菜蛾，油菜可增产 20% 左右。

技术来源：安徽省农业科学院作物研究所

咨 询 人：侯树敏

北方春油菜跳甲综合防治技术

油菜跳甲，俗称土蛇蚤，是春油菜的重要害虫，对油菜的危害主要是成虫取食油菜幼嫩心叶和油菜生长点，造成油菜幼苗死亡及严重丛化畸形无主花序，危害减产严重。我国各油菜产区均有油菜跳甲分布，西北地区为害尤为重。常年油菜田间为害株率一般在20%～30%，减产20%以上；干旱年份及部分山区干旱地块为害率达50%以上，甚至不得不毁田重种。为此，研发了油菜跳甲综合防治技术，以确保油菜种植安全。

技术要点

避免油菜重茬种植，灭除田间塄坎及水渠边的杂草，减少越冬虫口基数。播种前，油菜种子用50%丙硫克百威种衣剂种子包衣或48%毒死蜱乳油拌种；油菜子叶期，用50%丙硫克百威水乳剂、48%毒死蜱乳油1 000倍液叶面喷雾1～2次。

应用效果

应用此技术，油菜田间油菜跳甲防控效果可达85%以上，油菜增产15%以上。

技术来源：青海省农林科学院春油菜所
咨 询 人：王瑞生

北方春油菜茎象甲综合防治技术

油菜茎象甲（别名油菜象鼻虫）是油菜上的重要害虫之一，主要以幼虫在油菜茎中钻蛀危害，成虫亦可为害油菜的叶片和茎皮，西北地区为害最重。一般年份虫株率 20% ～ 30%，产量损失率约 20%，严重发生年份受害株率在 40% 以上，减产 2 ～ 4 成，极大地影响了油菜生产。

技术要点

避免油菜重茬种植，灭除田间塄坎及水渠边的杂草，减少越冬虫口基数。油菜播种前，油菜种子用 50% 丙硫克百威种衣剂种子包衣或 48% 毒死蜱乳油拌种；油菜三叶期至油菜现蕾期，用 50% 丙硫克百威水乳剂、48% 毒死蜱乳油 1 000 倍液叶面喷雾 2 ～ 3 次或 90% 灭多威可湿性粉剂每亩用量 40 ～ 50 克，对水 20 ～ 25 升叶面喷雾 2 ～ 3 次。

应用效果

应用此技术，油菜茎象甲防控效果可达 80% 以上，油菜增产 20% 以上。

技术来源：青海省农林科学院春油菜所
咨 询 人：王瑞生

北方春油菜角野螟综合防治技术

油菜角野螟，别名茴香薄翅野螟、油菜螟、茴香螟，是油菜角果期的重要害虫。寄主有茴香、油菜、白菜、萝卜、甘蓝、芥菜、荠菜、甜菜等。该害虫在油菜上主要以幼虫钻蛀油菜角果蛀食籽粒方式为害。

技术要点

避免油菜重茬种植，灭除田间塄坎及水渠边的杂草，减少越冬虫口基数。油菜终花期，每亩用 50% 高效氯氟氰菊酯乳油 40 ～ 50 毫升 + 2.5%

阿维菌素乳油 20 ～ 25 毫升，或每亩用 48% 毒死蜱乳油 40 ～ 50 毫升，对水 30 升，叶面喷施 2 ～ 3 遍。每次施药间隔 7 天。

应用效果

油菜角野螟防控效果可达 85% 以上，油菜增产 30% 以上。

技术来源：青海省农林科学院春油菜所
咨 询 人：王瑞生

第四章
油菜高效施肥技术

长江上游油菜高效施肥技术

本技术适用于四川省、云南省、贵州省、重庆市、陕西省汉中市及安康市等区域，该区域土壤有机质每千克 2.2 ～ 87.8 克（平均每千克 27.4 克），全氮每千克 0.12 ～ 4.39 克（平均每千克 1.59 克），有效磷每千克 0.8 ～ 72.6 毫克（平均每千克 16.3 毫克），速效钾每千克 13.0 ～ 338.0 毫克（平均每千克 96.5 毫克），pH 值 4.0 ～ 8.6（平均 6.6）。农户施肥存在有机肥施用不足、氮肥过量、磷钾特别是钾不足、忽视硼肥施用等问题。

技术要点

推荐亩施氮肥 6 ～ 8 千克、磷肥 4 ～ 5 千克、钾肥 4 ～ 6 千克、硼砂 0.5 千克作基肥，机械条施或撒施旋耕，配合秸秆高效降解技术提高钾的供应能力；根据长势，在油菜抽薹前亩追氮肥 3 ～ 4 千克。

应用效果

与不施肥相比，施用氮肥、磷肥和钾肥增产率平均分别为86.4%、37.3%和22.9%，每千克氮、磷和钾肥平均增产油菜籽6.4千克、7.6千克和5.5千克。

技术来源：华中农业大学资源与环境学院
中国农业科学院油料作物研究所

长江中游油菜高效施肥技术

本技术适用于湖南省、湖北省、江西省、河南省信阳市、安徽省（除芜湖市、马鞍山市）等种植区域，该区域土壤有机质每千克5.8～66.1克（平均每千克25.0克），全氮每千克0.31～3.76克（平均每千克1.45克），有效磷每千克0.4～87.6毫克（平均每千克15.0毫克），速效钾每千克7.1～363.0毫克（平均每千克91.5毫克），pH值4.0～8.6（平均6.2）。农户施肥存在有机肥施用不足，秸秆还田率低，肥料用量特别是磷钾不足，施肥次数偏多和偏少并存等问题。

技术要点

推荐亩施氮肥5～7千克，磷肥3～5千克，钾肥4～5千克，硼砂0.5千克，硫酸锌1千克作基肥，机械条施或撒施旋耕，配合秸秆（菌核）高效降解技术提高钾供应和菌核病预防能力；根据长势，在油菜抽薹时亩追氮肥4～6千克，钾肥1～3千克。

应用效果

与不施肥相比，施用氮、磷和钾肥增产率平均分别为94.2%、43.4%和24.6%，每千克氮、磷和钾肥平均增产油菜籽6.1千克、8.8千克和4.9千克。

技术来源：华中农业大学资源与环境学院
中国农业科学院油料作物研究所

长江下游油菜高效施肥技术

本技术适用于江苏省、浙江省、上海市、安徽省芜湖市和马鞍山市等种植区域，该区域土壤有机质每千克8.8～45.4克（平均每千克23.2克），全氮每千克0.82～3.11克（平均每千克1.64克），有效磷每千克1.0～48.2毫克（平均每千克10.4毫克），速效钾每千克36.0～190.0毫克（平均每千克82.7毫克），pH值4.4～8.5（平均6.4）。农户施肥存在有机肥施用不足，氮过多而磷钾不足，施肥模式单一等问题。

技术要点

推荐亩施氮肥6～8千克，磷肥4～6千克，钾肥4～5千克，硼砂0.5千克作基肥，机械条施或撒施旋耕，配合秸秆（菌核）高效降解技术提高钾供应和菌核病预防能力；根据长势，在油菜抽薹至初花期亩追氮肥4～6千克、钾肥1～3千克。

应用效果

与不施肥相比，施用氮肥、磷肥和钾肥增产率平均分别为128.8%、51.3%和20.1%，每千克氮、磷和钾肥平均增产油菜籽5.4千克、8.7千克和4.1千克。

技术来源：华中农业大学资源与环境学院
中国农业科学院油料作物研究所

春油菜高效简化施肥技术

本技术适用于内蒙古自治区、甘肃省、青海省、西藏自治区等种植区域，该区域土壤有机质每千克4.0～84.4克（平均每千克39.2克），全氮每千克0.46～4.72克（平均每千克1.98克），有效磷每千克1.0～57.0毫克（平均每千克20.3毫克），速效钾每千克21.0～596.0毫克（平均每千克200.0毫克），pH值5.8～8.8（平均7.6），土壤养分含量较高。农户施肥存在有机肥施用少，肥料整体用量较低，偏施氮而少磷钾，忽视微量元素肥料施用等问题。

技术要点

在甘肃等偏西部地区，推荐亩施氮肥8～11千克、磷肥4～5千克、钾肥2～3千克、硼砂0.5千克、硫酸锌0.25千克；在内蒙古自治区等偏东部地区，推荐亩施氮肥7～9千克、磷肥4～6千克、钾肥2～3千克；全部肥料一次性机械条施或撒施翻盖。

应用效果

与不施肥相比，施用氮、磷和钾肥增产率平均分别为42.6%、31.6%和21.3%，每千克氮、磷和钾肥平均增产油菜籽6.6千克、5.9千克和7.2千克。

技术来源：华中农业大学资源与环境学院
中国农业科学院油料作物研究所

硼肥科学施用技术

本技术适用于我国油菜主产区。油菜对硼需求量较大，而我国油菜主产区土壤有效硼含量低，油菜生育期硼易随降雨而流失，随干湿交替而被土壤固定，干旱、低温进一步降低土壤硼利用率；农户施肥存在不施或只一次施用硼肥，施硼量少等问题，难以满足油菜全生育期需求需要，常见叶片紫红、茎裂、花而不实等缺硼现象。

技术要点

在油菜播种时配合氮磷钾肥，一次性基施缓控释硼肥每亩 0.2 ～ 0.5 千克；或者在油菜播种时配合氮磷钾肥基施普通硼肥每亩 0.25 ～ 0.5 千克，在油菜蕾期、花期亩用速溶硼 30 克，结合菌核病防治进行叶面喷施。在严重缺硼区域按上述用量的 1.5 倍量施用。

应用效果

在中度缺硼土壤上一般可增产 10% 以上，严重缺硼土壤上产量可成倍增长。

技术来源：中国农业科学院油料作物研究所
华中农业大学资源与环境学院

秸秆（菌核）高效腐解技术

本技术适用于油菜、水稻、小麦、玉米等作物秸秆腐解。随着机械收获面积增加，秸秆直接还田给后茬作物生产带来两个重要问题：一是秸秆如何快速腐熟，既不影响后茬作物生长、又能快速提供有效养分；二是如何降解秸秆中的寄生菌核，降低其对下季油菜菌核病发生潜在的影响。本技术中的喷施型复合腐解菌剂，可加速作物秸秆和油菜菌核腐解，防治油菜菌核病、根肿病等土传病害，提高作物产量。

技术要点

在收割机上安装喷雾装置，边脱粒边对还田的油菜秸秆喷施复合腐解菌剂，或者人工喷雾，用量为每亩 15 克（15 升水溶液）。

应用效果

应用30天调查，油菜秸秆腐解率提高了23.9%。后茬水稻产量提高3.0%～3.5%，下季油菜菌核病病情指数下降11.4%～19.1%，增产4.5%～6.7%。

技术来源：中国农业科学院油料作物研究所
　　　　　华中农业大学资源与环境学院

多功能生物肥料应用技术

本技术适用于油菜等大田作物和蔬菜作物；多功能生物肥是一种基施型复合菌剂，具有活化土壤磷，加速作物秸秆和油菜菌核腐解，改善土壤理化、生物性状，防治油菜菌核病、根肿病等土传病害，提高作物产量等作用。

技术要点

可以单独施用或同其他化肥混合后（与化肥即混即施）一起施用。可采用联合播种机撒施或播种前采用人工撒施，用量每亩 10 千克。

应用效果

应用 30 天调查，水稻秸秆腐解率提高了 14.1%。应用 180 天调查，土壤速效磷含量提高 12.3%，土壤好气性细菌总数增加 15.6%，酸性

磷酸酶、蔗糖酶活和脲酶活性分别提高18.7%、12.4%和21.6%，油菜收获期菌核病病情指数下降9.5%～15.8%，增产5.5%～7.1%。

技术来源：中国农业科学院油料作物研究所
　　　　　华中农业大学资源与环境学院

第五章

油菜中小型高效机械化生产技术

油菜精量联合直播技术

油菜精量联合直播机分为与中马力动力配套的2BFQ-6型和与手扶拖拉机配套的2BFQ-4型等多种型式产品，能一次性完成油菜种植中的开畦沟、旋耕、灭茬、精量播种、施肥、覆土等多个作业环节，作业效率高、播种均匀性好。

技术要点

作业时严禁猛升或猛降播种机；地头转弯时必须将播种机提起并严禁机组倒退；作业时土壤墒情适中、前茬作物留茬高度不大于300毫米；定期保养与维护。系列机型特别适合农机服务专业户和油菜种植专业户使用。

应用效果

播种精度高，无种子破损，播后出苗率高、苗齐苗壮，无需人工间苗、定苗，具有省种、省肥、省工、省时和适应性好的特点，每亩节本增效100元以上。特别适应于稻—油、棉—油等未耕地或有作物秸秆残茬覆盖地的油菜精量联合播种作业。

技术来源：华中农业大学
武汉黄鹤拖拉机制造有限公司

油菜联合收获技术

联合收获是在油菜黄熟后期至完熟期，用油菜联合收获机一次完成收割、脱粒、清选等工序，该收获方式对收获期控制要求比较严格，对机器综合性能要求较高，但工序简单，生产效率高。现有的油菜联合收获机大多是以全喂入式的稻麦联合收割机为基础改装而成，通过改装分禾器，安装侧边纵向割刀，提高分禾质量。改进切割装置，割刀传动采用摆环机构代替曲柄连杆机构，以增加动刀杆驱动强度，减小振动。更换筛面，采用圆孔筛，降低含杂率。增加二次回收搅龙，设置杂余回收装置及杂余收集箱。加密栅格式凹板筛，调整脱粒滚筒与凹板的间隙等方法实现油菜联合收获。

技术要点

油菜联合收获质量受收获时间影响较大，以油菜籽含水量来判断，收获宜在种子含水量为15%～20%进行，含水量过低，损失严重。从油菜角果的颜色上判断，联合收获应在油菜转入完熟阶段，植株、角果中含水量下降，冠层略微抬起时进行最好，并宜在早晨或傍晚进行收获。

应用效果

联合收获由 1 台联合收获机一次完成切割、脱粒、清选作业，收获过程短，具有省时、省心、省力的优点，特别是对于小块田较分段收获更能显示出方便性。现阶段联合收获在正常作业条件下收获损失率由 12% 下降到 8%，作业效率由以前的平均每小时 3 亩提高到目前的每小时 5 亩，大大降低了损失率，提高了生产效率。

技术来源：农业部南京农业机械化研究所
江苏大学
星光农机股份有限公司

油菜分段收获技术

分段收获装备包括油菜割晒机和捡拾脱粒机。割晒机通过竖割刀割断行与行之间牵连植株，根据留茬高度要求调整割台高度，割台割刀实现油菜植株切割，通过拨禾轮和割台横向输送的共同作用把割倒的油菜输送至侧边排禾口完成油菜成条铺放。油菜晾晒后用捡拾脱粒机进行捡拾，先由捡拾台完成油菜捡拾，再通过搅龙、输送槽等输送至脱粒部件，脱粒后清选完成整个过程。

技术要点

在油菜黄熟前期，用割晒机将油菜割倒，整齐铺放田间晾晒，待油菜后熟干燥后，再用捡拾脱粒机捡拾、脱粒、清选。以油菜籽含水量来判断，采用分段收获时，割晒宜在种子含水量为 35% ～ 40% 进行，捡拾在种子含水量为 12% ～ 15% 时进行为好。从油菜角果的颜色上判断，油菜分段收割的最适时期是在全株有 70% ～ 80% 的角果呈黄绿至淡黄，这时主序角果已转黄色，分枝角果基本退色，种皮也由绿色转为红褐色，割晒后后熟 3 ～ 7 天，在早晚有露水时或在阴天捡拾脱粒。雨天、大风不适宜作业，早露可以割晒。后期抗风能力强，连续阴雨不宜作业。

应用效果

分段收获损失率低，一般在 6% 以下。腾茬时间早，一般比联合收获腾茬时间提前 3 天左右。分段收获的籽粒含水率低，便于保存，秸秆含水率低便于粉碎还田，不需要在捡拾机上加装秸秆粉碎装置也能达到粉碎还田的要求。分段收获适应于各种油菜，而收获效果稳定。

技术来源：农业部南京农业机械化研究所
　　　　　星光农机股份有限公司

稻板田油菜机械打穴轻简移栽技术

油菜机械打穴轻简移栽技术是采用机械打穴，人工摆苗移栽。该技术可减轻劳动强度，提高生产效率。

技术要点

选择优良品种，9月上中旬育苗播种。在油菜移栽前3～5天选用灭生性除草剂，对土壤表

面均匀喷雾除草。按厢宽 1 米左右开好围沟和腰沟，做到三沟相通，开沟时将沟土打碎均匀平铺于厢面。每亩栽植 6 000 ～ 8 000 穴，移栽前每亩施 30 ～ 50 千克复合肥。菜苗 5 ～ 6 叶期移栽。

应用效果

生产效率每天每人可打穴 20 亩，可摆苗 2 亩，生产效率比人工提高 3 ～ 4 倍以上。

技术来源：浙江省农业科学院作物与核技术利用研究所

油菜人工割晒—机械脱粒收获技术

长江流域油菜收获期季节紧，人工收获成本高，必须大力推广机械收获技术。对于一些株型大、分枝多、角果易开裂的油菜品种可采用机械（或人工）割晒、机械脱粒两段收获技术，具有收割早、适收期长、对作物适应性强、收获损失小、籽粒破碎少、籽粒含水量低、便于贮藏等优点。

技术要点

在全田80%以上角果呈枇杷黄色时，用油菜割晒机（或人工）将油菜割倒，田间晾晒5～7天后用自走式拣拾脱粒机进行拣拾脱粒。拣拾脱粒时应注意选择早晚或阴天，避开中午气温高时段。

应用效果

解决了油菜一次性联合机械收获的适收期短的问题，具有节省劳动力、降低收获损失率提高作业效率的作用。应用油菜人工割晒—机械脱粒收获技术可比人工收获作业效率提高8～15倍，菜籽损失率降低30%～50%，劳动力成本节省50%以上。

技术来源：中国农业科学院油料作物研究所
南京农机化研究所

第六章
油菜高效低耗加工技术

菜籽饼粕生物改良技术

菜籽饼粕是一种蛋白类饲料，由于饼粕硫苷、多酚、植酸、中性洗涤纤维等抗营养因子的存在，影响了其蛋白质和氨基酸消化率。该技术采用固态发酵技术，利用芽孢杆菌、酵母菌等微生物的生长和代谢作用，在降解菜籽饼粕抗营养物质的同时，可以通过微生物代谢产生的蛋白酶等的作用，水解蛋白质为易于吸收的寡肽和氨基酸，使其营养价值大大提升。

技术要点

经过生物改良后的菜籽饼粕可以应用于猪、鸡等动物的饲喂，但在应用中应注意以下几点：一是菜籽饼粕发酵过程中或发酵后未被杂菌感染、未发生霉变；二是对于直接利用发酵菜粕的养殖户，添加量应逐步增加，避免由于动物的不适应而产生不良反应。

应用效果

显著增加菜籽饼粕在饲料中的添加比例和应用范围，降低饲料及饲养成本。

技术来源：中国农业科学院油料作物研究所

多参数菜籽品质检测技术与检测仪

随着高含油量、高蛋白、高油酸、低芥酸、低饼粕硫苷的“三高两低”等优质油菜品种的成功选育，以及在生产上广泛推广应用，如何实现“三高两低”优质油菜优质优用、农民增收、企业增效，对适合于收购现场使用的油菜籽含油量、蛋白质、油酸、芥酸、饼粕硫苷等多参数快速检测技术和仪器提出了迫切需求。为此，研发了油菜籽含油量、蛋白质、油酸、芥酸、饼粕硫苷等多参数同步快速无损检测技术与仪器。

技术要点

将脱粒后的油菜籽放入样品杯，直接进行检测。

应用效果

可实现油菜籽含油量、蛋白质、油酸、芥酸、饼粕硫苷、亚油酸、水分7项参数同步无损快速测定，7项品质参数1分钟检测完成，样品不需要前处理，不使用化学试剂，环境友好。

技术来源：中国农业科学院油料作物研究所

菜籽油绿色精炼技术

脱胶是现代油脂精炼加工中最关键的环节，目的是去除毛油中的磷脂、黏液质、蛋白质及其分解产物。脱胶对油脂精炼得率、能源消耗、废水排放和成品油品质及后续精炼环节的完成都具有决定性的作用。利用绿色精炼技术解决传统油脂精炼面临的能耗高、污染重、反应条件剧烈、食品安全性问题等难题，是实现食用油加工产业绿色、可持续发展的重要手段。

技术要点

毛油过滤后加热到70～75℃，添加0.04%（以油重计）50%的柠檬酸反应20～30分钟。50℃调节pH值至4.5，同时添加2.0%的软水。加入PLC-PLA（磷脂酶C—磷脂酶A）复合酶制剂（800U/千克）后高速混合，55℃保持酶法脱胶1.5小时，最后于85℃分离油脚和脱胶油。

应用效果

在较低温度下实现脱胶油残磷含量更低（≤8毫克/千克），油脂得率显著提高（≥1.0%），可以直接进入后续的物理精炼环节。菜籽油绿色精炼技术避免了由皂化工艺带来的能耗高和排放多的困扰，最大程度地保留了油脂中的有益伴随物，提高了脱胶油品质。

技术来源：江南大学食品学院

高水分油菜籽应急处理技术

新收获的油菜籽含水分高，呼吸旺盛，保管不好外皮就会发白、肉质红、籽结块，有酒味或酸味，腐败变质，并造成湿热积聚。新收获的高水分油菜籽极易生芽和发热霉变，影响出油率，甚至一点油也榨不出来。变质的油菜籽勉强榨出的油液，浓稠质差，味苦辛辣，易引起食物中毒，影响身体健康。油菜籽采收下来，如遇阴雨天气不能立即晒干，必须立即采取措施应急贮藏。为此，研发了新收获高水分油菜籽应急处理技术。

技术要点

一是紫外照射处理技术，每2天处理1次（距油菜籽堆面30厘米，处理期间每5分钟左右翻动1次，每次处理时间25分钟）；紫外线处理适宜温度为室温20～40℃，波长在250～260纳米区域的紫外线杀菌能力最强。二是采用浓度为200（$\mu g/m^3$）臭氧对高水分油菜籽进行熏蒸，处理时间为20分钟，对霉菌具有很好的杀灭效果。

应用效果

紫外、臭氧处理可以延长高水分油菜籽的贮藏时间，保证高水分油菜籽的贮藏品质，可以有效保持储藏期间高水分油菜籽的发芽能力，对种用油菜籽的贮藏起到关键作用。臭氧保藏水分含量19.5%的油菜籽20天，油菜籽不霉变、不生芽，效果明显。

技术来源：南京财经大学食品科学与工程学院

油菜籽产后减损气调技术

油菜籽颗粒间孔隙小，贮藏不当极易发热、生虫、霉变、酸败而影响油菜籽的出油率和油脂的品质，油菜籽的品质在贮藏期间是在不断变化着的，会受到多种因素的影响，油菜籽保管不好外皮就会发白、肉质红、籽结块，腐败变质，并造成发热霉变，影响出油率。为此，研发了油菜籽产后减损气调技术。

技术要点

将油菜籽仓库进行密封，保证仓库的气密性，采用氮气发生器充氮，当油菜籽仓中氧气浓度降到 2% 左右，停止充气。做好定期检测仓内气体浓度和补气。

应用效果

气调贮藏可以降低油菜籽的劣变速率，可以延长油菜籽的贮藏时间，保证油菜籽的贮藏品质，油菜籽不霉变、不生芽，效果明显，是一项经济有效的绿色贮藏技术。通过改变贮藏环境气体成分的组成，造成不利于害虫及霉菌生长发育的生态环境，实现杀虫抑菌，延缓品质变化的目的。

技术来源：南京财经大学食品科学与工程学院

油菜籽破碎、低温压榨高效低耗制油新工艺

新工艺与传统预榨浸出和预榨膨化浸出制油工艺比较，省去了轧胚和蒸炒工序，榨油温度由110～120℃下降到65℃再至室温，有效地降低了加工能耗和设备投资，同时还制得低温预榨菜籽油和一级压榨菜籽油。

技术要点

油菜籽经清理、破碎成0.5毫米左右的碎粒后，送入低温预榨机；在40～65℃的条件下进行低温预榨，得到低温预榨毛油和低温预榨饼，毛油经沉淀过滤后即得到低温预榨菜籽油。预榨饼无需调质，直接进行挤压膨化、浸出，浸出毛油精炼后得到一级压榨菜籽油。

应用效果

较传统预榨浸出和预榨膨化浸出制油工艺，分别节省蒸汽消耗21.7%和38.5%；减少装机容

量 17.4% 和 27.6%；同时，还制得低温压预榨菜籽油和一级压榨菜籽油。

技术来源：武汉轻工大学

油菜籽低残油低温压榨技术

相对于高温热榨，油菜籽低温压榨不仅可以获得高质量的纯天然原生态食用油脂，还能显著降低加工能耗和生产成本。但现有的低温压榨技术和装备存在残油率偏高和易滑膛等问题，影响了低温压榨技术的推广应用。为此，研发了专门用于油菜籽低残油低温压榨的技术和设备。

技术要点

采用清理筛等除去油菜籽原料中含有的荚壳、泥块、小石子、灰尘等杂质，达到含杂率 $< 0.5\%$ 的要求；收获的油菜籽经晾晒烘干，水分控制在

8%以内；压榨开始时应通过变频调速器逐步增加进料量，使榨膛内逐渐产生压力，当榨机主电机电流达到20A时，双螺旋榨油机进入正常压榨状态。压榨得到的油脂经过过滤去除固体杂质，使油脂含杂量在0.10%以下，得到成品菜籽油。

应用效果

压榨后饼粕残油率在8%左右，油脂得率比现有技术提高30%以上，加工量为每小时100千克油菜籽，低温压榨菜籽油产品达到国家四级菜籽油标准。

技术来源：中国农业科学院油料作物研究所

油菜籽全含油膨化预榨工艺技术及装备

该项技术主要用于油菜籽制油企业。通过将高含油油料全含油膨化技术，代替传统的蒸炒压榨工艺，使油菜籽瞬间完成膨化过程，避免了油料的高温处理对品质的影响，同时还可降低前端的轧胚环节的要求，经膨化处理后的原料适宜压榨，且饼易成型渗透性好，还可增加预榨机的处

理量，降低预榨机动力消耗，减少预榨机磨损。膨化处理可使预榨毛油含磷量降低，毛油颜色变浅，提高了预榨毛油的质量，并使得油脂精炼得率提高。

技术要点

膨化机工作前需通入蒸汽使机筒温度升到80℃，原料入膨化机水分含量10%～11%，温度60～80℃，料胚厚度0.3～0.5毫米。

应用效果

采用该技术处理后，预榨出油率达到70%以上，浸出器产能提高25%以上。

技术来源：西安中粮工程研究设计院有限公司
中国农业机械化科学研究院

家用小型榨油技术和设备

家用榨油机是一种小型的榨油机，可以根据自己对食用油品种的喜好，选择好原材料，在家里就可以压榨食用油了。该机不仅可以压榨油菜籽，还可以压榨花生、芝麻、核桃、紫苏、胡麻等油料，适用范围广。家用榨油机很小巧，操作和拆卸清洗很方便。

技术要点

压榨前因为油料含有大量水分，必须先对其进行干燥处理，可用炒锅或者微波炉干燥，以保证压榨效果。原料干燥完成后，将原料放入漏斗，先按“温控”键进行预热，3～5分钟后，按下“榨油”键，此时机子开始压榨（此时如果忘记加料，也可往漏斗里面加料）。待油料压榨完成后，再次按下“榨油”键，机器停止工作。压榨完成后，拔掉电源线，此时机器会有余热，等待10分钟，取出榨膛和螺杆，用水泡一下，再清洗干净，用干布擦拭干净，放置好本机。

应用效果

加工量为每小时5千克油菜籽，压榨后饼粕残油率在8%左右，菜籽油产品达到国家四级菜籽油标准。

技术来源：中国农业科学院油料作物研究所